国家自然科学基金委员会
2021年度报告

NATIONAL NATURAL SCIENCE FOUNDATION OF CHINA

2021 ANNUAL REPORT

国家自然科学基金委员会◎编著

ZHEJIANG UNIVERSITY PRESS
浙江大学出版社

图书在版编目（CIP）数据

国家自然科学基金委员会2021年度报告 / 国家自然科学基金委员会编著. — 杭州 : 浙江大学出版社, 2022.3

ISBN 978-7-308-22368-3

Ⅰ. ①国… Ⅱ. ①国… Ⅲ. ①中国国家自然科学基金委员会－研究报告－2021 Ⅳ. ①N26

中国版本图书馆CIP数据核字(2022)第032568号

国家自然科学基金委员会2021年度报告

国家自然科学基金委员会　编著

出版事务统筹　国家自然科学基金委员会科学传播与成果转化中心
责任编辑　陈　宇
责任校对　金佩雯
封面设计　林智广告
出版发行　浙江大学出版社
（杭州天目山路148号　邮政编码：310007）
（网址：http://www.zjupress.com）
排　　版　杭州林智广告有限公司
印　　刷　浙江海虹彩色印务有限公司
开　　本　889mm×1194mm　1/16
印　　张　11.25
字　　数　220千
版 印 次　2022年3月第1版　2022年3月第1次印刷
书　　号　ISBN 978-7-308-22368-3
定　　价　98.00元

编辑委员会

前言

FOREWORD

2021 年，国家自然科学基金委员会（以下简称自然科学基金委）以习近平新时代中国特色社会主义思想为指导，全面贯彻党的十九大和十九届历次全会精神，从伟大建党精神中汲取奋进力量，增强“四个意识”、坚定“四个自信”、做到“两个维护”，深入学习领会习近平总书记关于科技创新特别是关于基础研究的重要论述精神，认真贯彻李克强总理来委调研重要讲话精神，全面落实党中央、国务院的决策部署，在党中央、国务院的坚强领导下，在有关部门的大力支持下，在广大科研人员和依托单位共同努力下，我们深入推进科学基金系统性改革，顺利完成全年资助工作，为基础研究高质量发展提供有力支撑。

科学基金深化改革重点任务取得阶段性进展。积极推进基于四类科学问题属性的分类评审，覆盖 85%以上的项目申请，科研选题总体质量进一步提升。稳步推进“负责任、讲信誉、计贡献”评审机制改革，在超过 1/3 的学科开展试点，评审质量和申请人满意度显著提高。深入推进基于基础科学、技术科学、生命与医学、交叉融合四个板块的资助布局改革，通过分类管理激发基础研究的活力和创造力。全面实施新申请代码体系，由三级调整为两级，代码总量压缩近 2/3，资助布局逻辑性和包容性明显提高。加强科学问题凝练，引导科研人员和评审专家重视科研选题，优化立项机制。设置常态化公开征集选题建议的渠道，汇聚各方面专家智慧。改进申请书结构，优化评议要点。探索支持原创思想的申请和评审机制，加大原创探索计划实施力度，全年资助经费 3.1 亿元。正式启动交叉科学部资助工作，资助首批交叉研究人才类项目，统筹组织重大研究计划立项工作。

坚持“四个面向”，强化基础研究的前瞻部署。支持各学科领域基础研究全面协调发展，精心滋养基础研究体系化创新能力，全年共接收 2 373 个依托单位的项目申请 28.73 万项，批准 4.89 万项，资助直接费用 310.73 亿元。围绕疫情防控，统筹应急和长远，在新发突发传染病、媒介生物与病原体、创新药物研究、药物先导化合物等领域资助了一批基础研究项目。强化碳中和等重大战略领域布局，加大重大类型项目实施力度，前瞻部署核心科学问题研究。大力支持原创科研仪器与核心部件研制，资助 79 项国家重大科研仪器研制项目。开门编制科学基金“十四五”发展规划，广泛吸收科技界以及部门、企业意见建议 117 条，加强世界科学前沿和国家重大需求系统性部署。

完善科学基金人才资助体系，强化基础研究人才培养能力。加大力度支持青年人才成长，资助青年科学基金项目 21 072 项、优秀青年科学基金项目 645 项、国家杰出青年科学基金项目 314 项，将青年科学基金、优秀青年科学基金项目资助强度分别提高至每项 30 万元、200 万元。设立实施优秀青年科学基金项目（海外）。继续面向港澳特别行政区资助优秀青年科学基金项目（港澳）。

积极引导基础研究多元投入，拓展联合基金改革成效。充分发挥联合基金平台效能，引导科研人员共同解决重大需求背后的关键科学问题。2021 年，内蒙古、海南、山东 3 省区加入区域创新发展联合基金，国家电网、南方电网、中国石油 3 家企业加入企业创新发展联合基金，与中国国家铁路集团有限公司设立铁路基础研究联合基金。2018 年 12 月联合基金改革以来，已吸引协议期内委外资金共 115.59 亿元，2021 年委外资金已占年度总预算的 7%。

持续优化项目和资金管理，释放科研人员创新动能。进一步优化初审管理，全面实行无纸化申请，深入推进“一表多用”，持续强化信息系统支撑，切实减轻科研人员负担。会同财政部修订资金管理办法，简化预算编制，预算制的部分项目顶格提高间接费用，扩大劳务费开支范围，下放所有预算调剂权，取消结余资金结题两年后收回的规定，进一步扩大包干制试点范围，让科研经费更好为科研服务。

不断深化国际（地区）合作，面向全球构建开放合作新局面。积极参与全球科技治理，与国际科学资助机构开展广泛战略对话和互动交流。加强与境外科学资助机构、国际组织的合作，共同支持实质性合作研究和人才交流，联合资助项目 548 项。拓展实施外国学者研究基金项目，共资助 256 项。发起“一带一路”可持续发展国际合作科学计划。

加强科研作风学风建设，营造积极向上科研生态。实施科学基金学风建设行动计划，系统推进教育、激励、规范、监督、惩戒五方面部署。做好学术不端调查处理，定期开展项目资金监督检查。主动与科研诚信建设联席会议成员单位实施联合惩戒，推进科研不端处理和信息共享常态化合作机制。

深入开展党史学习教育，发挥党建引领保障作用。以党的政治建设为统领，推动党建和业务融合互促。开展“永远跟党走”群众性主题宣传教育，扎实推动“我为群众办实事”实践活动，把学习党史同观照现实、把推动工作同为科学家服务结合起来。系统推进全面从严治党、党风廉政建设和反腐败工作。自觉接受中央纪委国家监委驻科技部纪检监察组监督，认真落实监督建议。积极配合审计署科学技术局探索建立常态化审计监督机制，及时落实审计整改意见。

2022 年，自然科学基金委将坚持以习近平新时代中国特色社会主义思想为指导，深入贯彻落实党的十九大和十九届历次全会精神，深入贯彻习近平总书记重要论述和指示批示精神，弘扬伟大建党精神，增强历史主动，抢抓历史机遇，认真贯彻落实基础研究十年规划，完善科学基金资助体系，狠抓科技体制改革攻坚任务落实落地，突出推动科研范式变革和凝练科学问题两个重点，积极开展科学部资助管理绩效评估，高质量完成全年资助工作，为实现高水平科技自立自强和建设世界科技强国夯实基础，以优异成绩迎接党的二十大胜利召开。

国家自然科学基金委员会党组书记、主任 李静海

CONTENTS

PART 1

第一部分

概　述

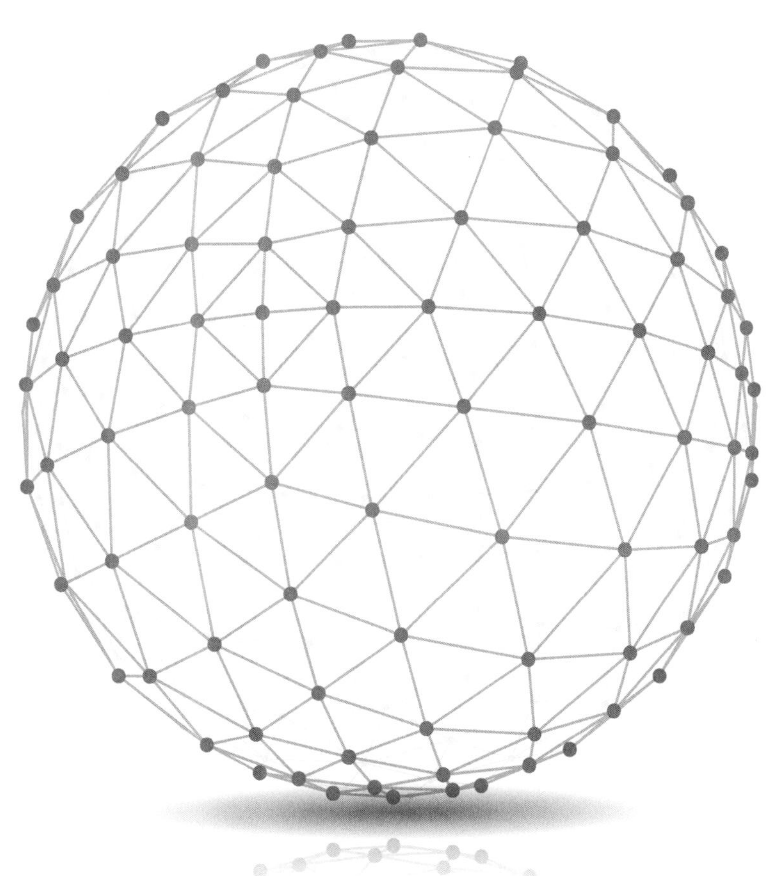

NSFC

一、深化改革进行时

2021 年，自然科学基金委主动适应新时代对基础研究提出的新挑战，按照科学基金系统性改革方案，扎实推进各项改革举措，理念先进、制度规范、公正高效的科学基金治理体系建设取得新的进展。

明确资助导向深入人心。基于“鼓励探索、突出原创，聚焦前沿、独辟蹊径，需求牵引、突破瓶颈，共性导向、交叉融通”的分类评审范围扩大到所有面上项目、重点项目和青年科学基金项目，覆盖 85% 以上的项目申请。扩充科学问题属性案例库，加大宣传力度，深化科技界对科学问题属性的理解，引导科研人员增强凝练科学问题意识，有力促进了项目申请质量的提升。

完善评审机制持续推进。“负责任、讲信誉、计贡献”的评审机制试点范围扩大到 44 个学科，重视科学性、保障公正性的评审环境建设稳步推进，评审专家的责任意识与评审质量显著提升。积极推进人工智能辅助指派系统的开放试用，对 2 913 个项目开展试点工作，加快系统迭代升级。

优化学科布局全面实施。按照源于知识体系逻辑结构、促进知识与应用融通、突出学科交叉融合的原则，完成第一阶段学科布局优化，启用新申请代码体系，科学性、包容性、引领性得到科技界的广泛认可。

建立基于板块的资源配置和管理机制。按照“四个面向”的要求，将 9 个科学部整合为“基础科学、技术科学、生命与医学、交叉融合”4 个板块，从资源配置、组织运行、专家咨询、评审管理等方面系统推进基于板块的资助布局改革。

科学问题凝练与重大类型项目立项机制进一步完善。建设建议常态化征集机制，面向应用部门征集重大类型项目立项建议 114 项，接收科技界研究建议 62 项。充分发挥专家咨询委员会、双清论坛等多种渠道汇集专家智慧凝练科学问题，为制定重大类型项目指南提供参考依据。加强宏观调控经费在落实重大决策部署和响应应急需求方面的作用。

原创探索计划深入推进。不断优化双盲评审、预申请、评审结果反馈及答复等评审机制，科学遴选具有高风险、颠覆性、非共识等特征的原创项目，共批准资助 151 项，其中指南引导类项目 104 项、专家推荐类项目 47 项，资助直接费用近 3.1 亿元。

人才资助体系稳步升级。青年科学基金项目资助规模扩大 15.30%，保障资助率稳中有升，培养基础研究人才后备军。优秀青年科学基金项目资助强度提高至 200 万元 / 项，给予优秀青年人才更大支持。继续组织实施优秀青年科学基金项目（港澳），厚植港澳地区青年人才成长土壤。设立并实施优秀青年科学基金项目（海外）。继续加强同国家其他人才计划的统筹衔接。组织开展基础科学中心项目考核评估及延续资助工作。将外国青年学者研究基金拓展为外国学者研究基金，分层次、全方位吸引优秀外国学者来华开展学术合作与交流。

多元投入取得新进展。多元投入机制初步建成，2021 年度联合基金共吸引委外资金 18.05 亿元，自然科学基金委匹配 6.87 亿元，各方共投入 24.92 亿元。积极探索科学基金接受社会和个人捐赠可行方式。

交叉融合研究有序推进。交叉科学部启动资助工作，共安排资助计划 5.6 亿元，加强面向国家重大战略需求和新兴科学前沿交叉领域的部署，建立健全学科交叉融合资助机制，培养交叉科学人才，促进多学科对综合性复杂问题的协同攻关。

成果应用贯通走向深入。与辽宁联合举办成果转化对接活动，在高端装备制造、新材料、碳达峰碳中和、现代农业等领域推荐 80 项资助成果，促进优秀基金成果转移转化，不断提高科学基金服务国家需求的效能。通过仪器类项目成果展示平台，对 114 个科研仪器进行集中展示，促进科研仪器开放共享和成果转化。

“放管服”措施持续推进。全面实行无纸化申请，进一步减轻科研人员和依托单位负担。简化项目申请承诺报送，实行“一年一承诺”。深入实施代表作评价制度，突出能力、业绩、贡献导向。进一步优化初审要点，提高管理规范性。修订《国家自然科学基金资助项目资金管理办法》，优化科学基金经费管理机制，扩大包干制实施范围，全面提高间接费用比例，简化预算编制，下放预算调剂权，扩大劳务费开支范围，改进结余资金管理。

绩效评价稳步开展。针对面上项目、青年科学基金项目、地区科学基金项目、国家杰出青年科学基金项目开展年度预算绩效评价；针对重点项目、基础科学中心项目、优秀青年科学基金项目开展专题评价，继续推进对材料领域的专题评价和依托单位绩效自评价。

二、财政预算支出与资助总体情况

（一）财政预算支出总体情况

2021 年，国家自然科学基金财政预算 3 090 764.38 万元，其中，资助项目经费预算 3 051 401.18 万元。2021 年完成资助项目资金拨款 3 050 741.60 万元，其中，资助项目直接费用拨款 2 580 234.25 万元，间接费用拨款 470 507.35 万元。

2021 年度国家自然科学基金财政预算统计见表 1-2-1。

表 1-2-1 2021 年度国家自然科学基金财政预算统计

金额单位：万元

项目类型	财政预算	年底支出
国家自然科学基金	2 911 299.18	2 910 639.60
国家杰出青年科学基金	140 102.00	140 102.00
合 计	3 051 401.18	3 050 741.60

（二）资助总体情况

2021 年，国家自然科学基金资助各类项目 3 731 607.66 万元，其中，资助项目直接费用 3 129 254.31 万元，核定 1 180 个依托单位间接费用 602 353.35 万元。

2021 年度国家自然科学基金资助项目经费统计见表 1-2-2。

表 1-2-2 2021 年度国家自然科学基金资助项目经费统计

金额单位：万元

序号	项目类型	资助项数	资助金额		
			直接费用	间接费用	合计
1	面上项目	19 420	1 108 703.00	327 340.85	1 436 043.85
2	重点项目	740	215 213.00	62 347.93	277 560.93
3	重大项目	52	76 233.16	21 694.98	97 928.14
4	重大研究计划项目	388	75 468.40	19 892.39	95 360.79
5	国际（地区）合作研究项目	322	66 557.01	19 780.25	86 337.26
6	青年科学基金项目	21 072	628 250.00	0.00	628 250.00*
7	优秀青年科学基金项目	645	129 000.00	0.00	129 000.00*
8	国家杰出青年科学基金项目	314	123 320.00	0.00	123 320.00*
9	创新研究群体项目	42	41 400.00	8 400.00	49 800.00

续 表

序号	项目类型	资助项数	资助金额		
			直接费用	间接费用	合计
10	地区科学基金项目	3 337	115 040.00	34 600.52	149 640.52
11	联合基金项目（含联合资助方经费）	911	240 929.71	42 851.66	283 781.37
12	国家重大科研仪器研制项目	79	94 642.92	20 539.75	115 182.67
13	基础科学中心项目	17	101 000.00	19 617.27	120 617.27
14	专项项目	759	88 880.80	20 886.61	109 767.41
15	数学天元基金项目	133	4 500.00	0.00	4500.00
16	外国学者研究基金项目	256	15 649.87	4 401.14	20 051.01
17	国际（地区）合作交流项目	301	4 466.44	0.00	4 466.44
合 计		48 788	3 129 254.31	602 353.35	3 731 607.66

注: * 青年科学基金项目、优秀青年科学基金项目、国家杰出青年科学基金项目实行经费包干制，不再区分直接费用和间接费用。间接费用数据统计包含了以前年度未核定间接费用纳入本次核定的项目数据。

三、结题总体情况

2021 年国家自然科学基金结题项目 41 085 项，相关研究成果获国家级奖励 550 项次，其中国家自然科学奖 152 项次，国家科学技术进步奖 277 项次，国家技术发明奖 121 项次；省部级奖励 4 353 项次；获国外授权专利 1 146 项次，国内授权专利 43 340 项次。

2021 年度国家自然科学基金结题项目成果统计见表 1-3-1。

表 1-3-1　2021 年度国家自然科学基金结题项目成果统计

成果形式 \ 项目类型		面上项目	重点项目	重大项目	重大研究计划项目	青年科学基金项目	地区科学基金项目	优秀青年科学基金项目	国家杰出青年科学基金项目	创新研究群体项目	海外及港澳学者合作研究基金项目	联合基金项目	国家重大科研仪器研制项目	应急管理项目	国际（地区）合作与交流项目
结题项目数		16 704	620	98	452	17 412	2 853	399	197	46	98	719	75	666	746
完成论著（篇/册）	国际学术会议特邀报告	3 983	1 168	315	255	734	117	339	455	274	24	383	265	84	672
	国内学术会议特邀报告	5 697	1 265	242	289	1131	334	512	486	158	24	520	226	108	443
	期刊论文	219 670	28 777	6 452	6 758	111 118	26 983	6 845	7 796	8 252	826	13 921	3 956	2 203	11 042
	会议论文	23 933	3 696	510	852	11 361	2 087	566	523	441	161	2 561	531	473	1 168
	SCI 检索系统收录	148 935	20 672	4 617	4 918	76 834	11 500	5 586	6 434	6 612	656	10 138	3 040	1 575	8 749
	EI 检索系统收录	19 833	2 907	452	626	10 866	2 444	445	434	598	103	2 124	248	276	967
	专著	1 783	222	86	39	880	447	48	57	62	6	102	32	55	55
专利（项次）	国外授权专利	485	122	17	12	221	24	47	34	60	1	39	45	3	36
	国内授权专利	20 088	2 515	532	583	10 066	2 421	743	1 167	1 416	24	1 937	778	127	943
获奖情况（项次）	国家级奖	238	54	20	20	53	7	22	36	44	2	18	13	4	19
	省部级奖	2 304	241	48	56	899	226	110	92	68	4	153	18	20	114
人才培养（人）	博士后	1 579	445	97	120	620	27	108	204	107	9	164	55	24	214
	博士	17 427	3 656	750	817	3 848	628	565	1 050	1 044	58	1 247	378	183	1 449
	硕士	41 844	4 336	645	1 099	11 854	6 691	1 002	1 012	1 433	100	3 019	681	456	1 673

注：①数据来源于项目负责人提供的结题报告。

②基础科学中心项目 2021 年无结题报告。

③国际（地区）合作与交流项目包括国际（地区）合作研究项目、外国青年学者研究基金项目和国际（地区）合作交流项目。

④应急管理项目统计包括专项项目和数学天元基金项目。

PART 2

第二部分

资助情况与资助项目选介

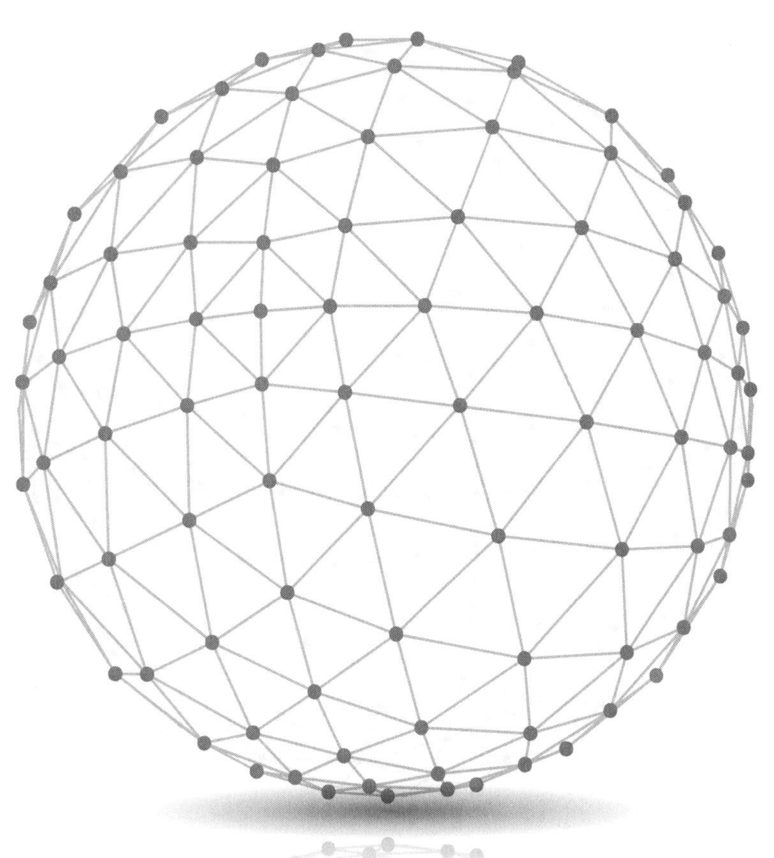

NSFC

一、各类项目申请与资助统计

（一）面上项目

支持从事基础研究的科学技术人员在科学基金资助范围内自主选题，开展创新性的科学研究，促进各学科均衡、协调和可持续发展。

2021 年度面上项目申请总数 111 423 项。按四类科学问题属性进行统计，鼓励探索、突出原创占 6.27%；聚焦前沿、独辟蹊径占 43.29%；需求牵引、突破瓶颈占 43.63%；共性导向、交叉融通占 6.82%。

2021 年度面上项目申请与资助统计数据见表 2–1–1、表 2–1–2；项目负责人年龄段如图 2–1–1 所示，项目组成人员情况如图 2–1–2 所示。

表 2–1–1　2021 年度面上项目按科学部统计申请与资助情况

科学部	申请项数	资助项数	资助经费[①]（万元）	平均资助强度[②]（万元 / 项）	资助率[③]（%）
数学物理科学部	7 839	1 778	103 090.00	57.98	22.68
化学科学部	8 812	1 897	113 941.00	60.06	21.53
生命科学部	15 760	3 027	175 584.00	58.01	19.21
地球科学部	9 099	2 030	116 615.00	57.45	22.31
工程与材料科学部	20 600	3 309	192 318.00	58.12	16.06
信息科学部	11 652	2 070	120 180.00	58.06	17.77
管理科学部	4 772	775	37 207.00	48.01	16.24
医学科学部	32 889	4 534	249 768.00	55.09	13.79
合计 / 平均值	111 423	19 420	1 108 703.00	57.09	17.43

注：①资助经费指的是资助直接费用（下同）。

②平均资助强度 = 资助经费 / 批准资助项数（下同）。

③资助率 = 批准资助项数 / 接收申请项数（下同）。

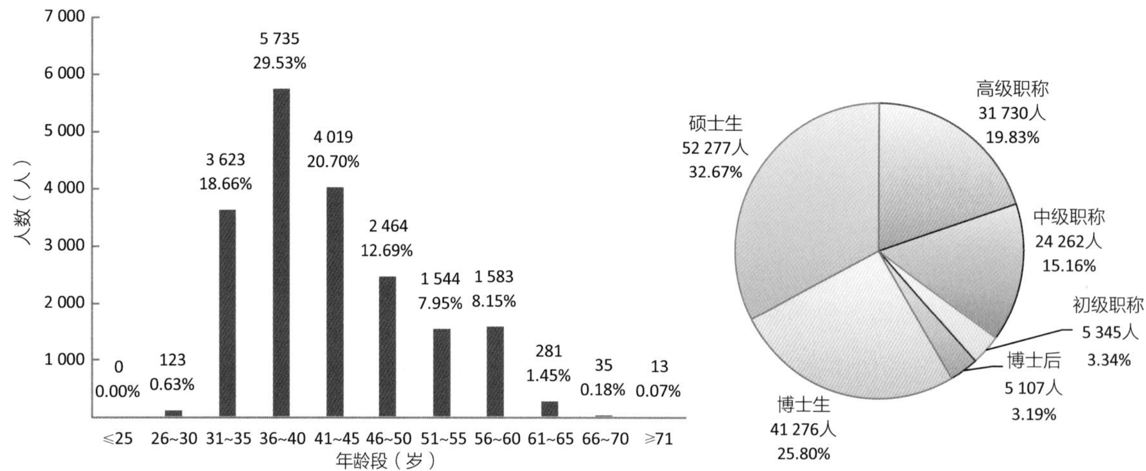

图 2-1-1　2021 年度面上项目负责人按年龄段统计

图 2-1-2　2021 年度面上项目组成人员分布及所占比例

表 2-1-2　2021 年度面上项目按地区统计资助情况

序　号	省、自治区、直辖市	资助项数	资助经费（万元）	序　号	省、自治区、直辖市	资助项数	资助经费（万元）
1	北　京	3 347	191 025.50	17	河　南	342	19 561.70
2	上　海	2 148	121 552.30	18	吉　林	319	18 430.40
3	江　苏	1 908	108 901.20	19	甘　肃	185	10 750.00
4	广　东	1 862	105 780.90	20	河　北	167	9 604.70
5	湖　北	1 251	71 194.30	21	山　西	164	9 478.70
6	陕　西	1 047	60 111.80	22	云　南	122	7 102.20
7	浙　江	969	55 213.20	23	江　西	84	4 824.70
8	山　东	912	52 527.40	24	广　西	81	4 681.10
9	湖　南	729	41 516.50	25	贵　州	49	2 810.00
10	四　川	697	39 821.80	26	新　疆	34	1 967.00
11	辽　宁	605	34 767.60	27	海　南	32	1 815.00
12	天　津	569	32 520.50	28	内蒙古	18	1 024.00
13	黑龙江	465	26 606.00	29	青　海	11	630.00
14	安　徽	453	26 059.20	30	宁　夏	3	167.00
15	福　建	436	24 927.20	合　计		19 420	1 108 703.00
16	重　庆	411	23 331.10				

（二）重点项目

支持从事基础研究的科学技术人员针对已有较好基础的研究方向或学科生长点开展深入、系统的创新性研究，促进学科发展，推动若干重要领域或科学前沿取得突破。

2021 年度重点项目申请总数 3 917 项。按四类科学问题属性进行统计，鼓励探索、突出原创占 5.95%，聚焦前沿、独辟蹊径占 42.07%，需求牵引、突破瓶颈占 45.34%，共性导向、交叉融通占 6.64%。

2021 年度重点项目申请与资助统计数据见表 2-1-3；项目负责人年龄段如图 2-1-3 所示，项目组成人员情况如图 2-1-4 所示。

表 2-1-3　2021 年度重点项目按科学部统计申请与资助情况

科学部	申请项数	资助项数	资助经费（万元）	平均资助强度（万元 / 项）	资助率（%）
数学物理科学部	402	91	27 300.00	300.00	22.64
化学科学部	306	69	20 986.00	304.14	22.55
生命科学部	625	110	31 510.00	286.45	17.60
地球科学部	612	112	32 500.00	290.18	18.30
工程与材料科学部	697	108	32 400.00	300.00	15.49
信息科学部	374	92	27 684.00	300.91	24.60
管理科学部	143	35	7 113.00	203.23	24.48
医学科学部	758	123	35 720.00	290.41	16.23
合计 / 平均值	3 917	740	215 213.00	290.83	18.89

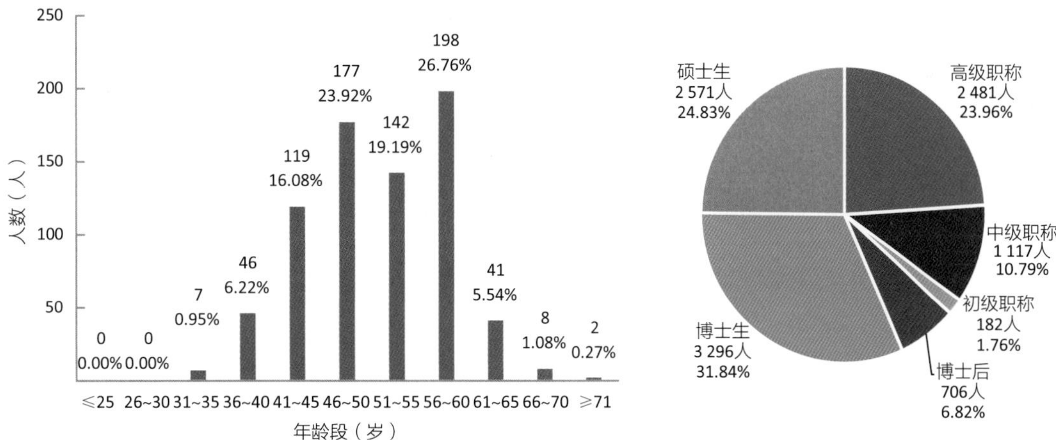

图 2-1-3　2021 年度重点项目负责人按年龄段统计　　图 2-1-4　2021 年度重点项目组成人员分布及所占比例

（三）重大项目

面向科学前沿和国家经济、社会、科技发展及国家安全的重大需求中的重大科学问题，超前部署，开展多学科交叉研究和综合性研究，充分发挥支撑与引领作用，提升我国基础研究源头创新能力。

2021 年度重大项目接收申请 151 项。批准资助 52 项，总直接费用 76 233.16 万元。

2021 年度重大项目申请与资助统计数据见表 2-1-4。

表 2-1-4　2021 年度重大项目按科学部统计申请与资助情况

科学部	申请项数	资助项数	资助经费（万元）	平均资助强度（万元 / 项）
数学物理科学部	12	5	7 485.00	1 497.00
化学科学部	13	7	10 391.50	1 484.50
生命科学部	10	6	8 940.65	1 490.11
地球科学部	21	7	10 361.88	1 480.27
工程与材料科学部	18	9	13 461.63	1 495.74
信息科学部	15	5	7 339.00	1 467.80
管理科学部	18	4	4 761.00	1 190.25
医学科学部	27	6	9 000.00	1 500.00
交叉科学部	17	3	4 492.50	1 497.50
合计 / 平均值	151	52	76 233.16	1 466.02

（四）重大研究计划项目

围绕国家重大战略需求和重大科学前沿，加强顶层设计，凝练科学目标，凝聚优势力量，形成具有相对统一目标或方向的项目集群，促进学科交叉与融合，培养创新人才和团队，提升我国基础研究的原始创新能力，为国民经济、社会发展和国家安全提供科学支撑。

2021 年度重大研究计划项目申请与资助情况见表 2-1-5。

表 2-1-5　2021 年度重大研究计划项目申请与资助情况

序　号	重大研究计划名称	申请项数	资助项数	资助经费（万元）
1	多相反应过程中的介尺度机制及调控	1	1	88.50
2	血管稳态与重构的调控机制	1	1	186.00
3	基因信息传递过程中非编码 RNA 的调控作用机制	1	1	240.00
4	组织器官区域免疫特性与疾病	1	1	124.90
5	中国大气复合污染的成因与应对机制的基础研究	1	1	651.00
6	大气细颗粒物的毒理与健康效应	8	3	970.00
7	碳基能源转化利用的催化科学	8	3	910.00
8	大数据驱动的管理与决策研究	37	6	460.00
9	共融机器人基础理论与关键技术研究	90	7	2 192.00
10	器官衰老与器官退行性变化的机制	71	7	1 850.00
11	新型光场调控物理及应用	75	13	2 280.00
12	水圈微生物驱动地球元素循环的机制	1	1	240.00
13	湍流结构的生成演化及作用机理	48	13	3 085.00

续 表

序 号	重大研究计划名称	申请项数	资助项数	资助经费（万元）
14	生物大分子动态修饰与化学干预	4	3	3 000.00
15	细胞器互作网络及其功能研究	1	1	300.00
16	特提斯地球动力系统	9	8	3 000.00
17	多层次手性物质的精准构筑	131	25	3 250.00
18	糖脂代谢的时空网络调控	152	20	3 006.00
19	西太平洋地球系统多圈层相互作用	31	9	1 780.00
20	肿瘤演进与诊疗的分子功能可视化研究	208	15	3 200.00
21	航空发动机高温材料 / 先进制造及故障诊断科学基础	131	8	4 089.00
22	团簇构造、功能及多级演化	150	31	3 800.00
23	战略性关键金属超常富集成矿动力学	116	23	5 231.00
24	功能基元序构的高性能材料基础研究	301	51	7 500.00
25	后摩尔时代新器件基础研究	71	18	5 600.00
26	第二代量子体系的构筑和操控	47	19	4 200.00
27	极端条件电磁能装备科学基础	70	18	2 756.00
28	未来工业互联网基础理论与关键技术	116	17	2 510.00
29	组织器官再生修复的信息解码及有序调控	201	29	3 859.00
30	冠状病毒 – 宿主免疫互作的全景动态机制与干预策略	127	35	5 110.00
合 计		2 209	388	75 468.40

（五）国际（地区）合作研究项目

资助科学技术人员立足国际科学前沿，有效利用国际科技资源，本着平等合作、互利互惠、成果共享的原则开展实质性国际（地区）合作研究，以提高我国科学研究水平和国际竞争能力。国际（地区）合作研究项目包括重点国际（地区）合作研究项目和组织间国际（地区）合作研究项目。重点国际（地区）合作研究项目资助科学技术人员围绕科学基金优先资助领域、我国迫切需要发展的重要研究领域、我国科学家组织或参与的国际大型科学研究项目或计划以及利用国际大型科学设施与境外合作者开展的国际（地区）合作研究。组织间国际（地区）合作研究项目旨在扩大双（多）边合作，充分利用和发挥国外科学资助机构及国际科技组织在开展跨国跨境科学研究计划中的协调机制，推进中国科学家参与、筹划和开展有重要科学意义的跨国跨境的区域性研究计划，积极推进与“一带一路”沿线国家的合作；重视并持续加强与港澳台地区科学家的合作与交流。

2021 年度国际（地区）合作研究项目申请与资助统计数据见表 2-1-6、表 2-1-7。

表 2-1-6　2021 年度重点国际（地区）合作研究项目按科学部统计申请与资助情况

科学部	申请项数	资助项数	资助经费（万元）	平均资助强度（万元 / 项）
数学物理科学部	21	5	1 250.00	250.00
化学科学部	26	5	1 290.00	258.00
生命科学部	70	13	3 250.00	250.00
地球科学部	50	8	1 840.00	230.00
工程与材料科学部	63	10	2 500.00	250.00
信息科学部	51	11	2 780.00	252.73
管理科学部	14	3	680.00	226.67
医学科学部	118	20	5 000.00	250.00
合计 / 平均值	413	75	18 590.00	247.87

表 2-1-7　2021 年度组织间国际（地区）合作研究项目按科学部统计申请与资助情况

科学部	申请项数	资助项数	资助经费（万元）	平均资助强度（万元 / 项）
数学物理科学部	116	22	3 989.00	181.32
化学科学部	184	35	7 267.23	207.64
生命科学部	412	76	15 726.34	206.93
地球科学部	106	20	4 049.00	202.45
工程与材料科学部	329	40	7 263.44	181.58
信息科学部	124	14	2 062.00	147.29
管理科学部	63	4	900.00	225.00
医学科学部	216	36	6 710.00	186.39
合计 / 平均值	1 550	247	47 967.01	194.20

（六）青年科学基金项目

支持青年科学技术人员在科学基金资助范围内自主选题，开展基础研究工作，特别注重培养青年科学技术人员独立主持科研项目、进行创新研究的能力，激励青年科学技术人员的创新思维，培育基础研究后继人才。

2021 年度青年科学基金项目申请与资助统计数据见表 2-1-8、表 2-1-9；项目负责人专业技术职务统计如图 2-1-5 所示，学位统计如图 2-1-6 所示。

表 2-1-8　2021 年度青年科学基金项目按科学部统计申请与资助情况

科学部	申请项数	资助项数	资助经费（万元）	资助率（%）
数学物理科学部	8 036	2 123	63 120.00	26.42
化学科学部	9 920	1 842	54 740.00	18.57

续 表

科学部	申请项数	资助项数	资助经费（万元）	资助率（%）
生命科学部	16 363	2 855	85 110.00	17.45
地球科学部	9 387	2 019	60 020.00	21.51
工程与材料科学部	20 730	3 648	108 930.00	17.60
信息科学部	10 366	2 515	74 810.00	24.26
管理科学部	6 510	1 015	30 330.00	15.59
医学科学部	40 568	5 055	151 190.00	12.46
合计 / 平均值	121 880	21 072	628 250.00	17.29

注：男性申请 59 934 项，资助 12 542 项；女性申请 61 946 项，资助 8 530 项。

表 2-1-9　2021 年度青年科学基金项目按地区统计申请与资助情况

序　号	省、自治区、直辖市	申请项数	资助项数	资助经费（万元）	资助率（%）
1	北　京	13 500	3 079	90 740.00	22.81
2	广　东	12 430	2 465	73 160.00	19.83
3	江　苏	11 654	2 176	65 040.00	18.67
4	上　海	10 183	1 936	57 600.00	19.01
5	浙　江	7 312	1 256	37 530.00	17.18
6	陕　西	6 060	1 167	34 970.00	19.26
7	山　东	8 231	1 152	34 520.00	14.00
8	湖　北	6 036	1 104	33 050.00	18.29
9	四　川	5 343	913	27 380.00	17.09
10	湖　南	4 028	753	22 510.00	18.69
11	河　南	5 601	658	19 730.00	11.75
12	安　徽	3 557	638	19 030.00	17.94
13	辽　宁	3 358	550	16 400.00	16.38
14	天　津	2 918	505	15 110.00	17.31
15	重　庆	3 168	461	13 790.00	14.55
16	福　建	2 286	353	10 560.00	15.44
17	黑龙江	1 993	322	9 660.00	16.16
18	吉　林	1 914	268	8 040.00	14.00
19	山　西	2 074	237	7 110.00	11.43
20	河　北	2 079	214	6 420.00	10.29
21	江　西	1 723	202	6 050.00	11.72
22	甘　肃	1 122	163	4 880.00	14.53
23	云　南	1 006	137	4 110.00	13.62
24	广　西	1 354	110	3 300.00	8.12

续 表

序　号	省、自治区、直辖市	申请项数	资助项数	资助经费（万元）	资助率（%）
25	贵　州	1 098	84	2 510.00	7.65
26	海　南	469	57	1 700.00	12.15
27	新　疆	489	51	1 530.00	10.43
28	内蒙古	513	31	920.00	6.04
29	宁　夏	217	17	510.00	7.83
30	青　海	156	11	330.00	7.05
31	西　藏	8	2	60.00	25.00
合计 / 平均值		121 880	21 072	628 250.00	17.29

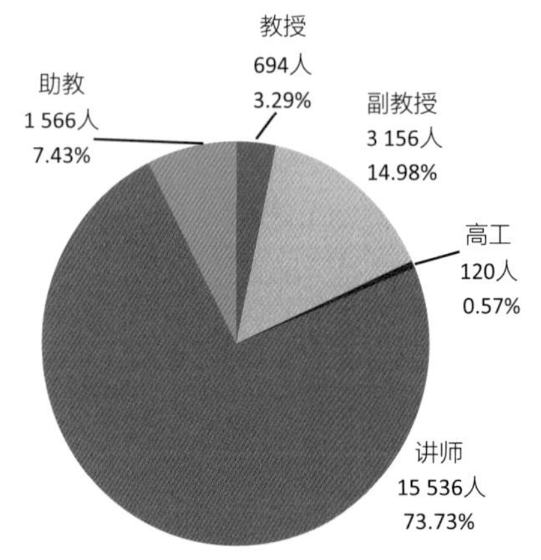

图 2-1-5　2021 年度青年科学基金项目负责人专业技术职务分布及所占比例

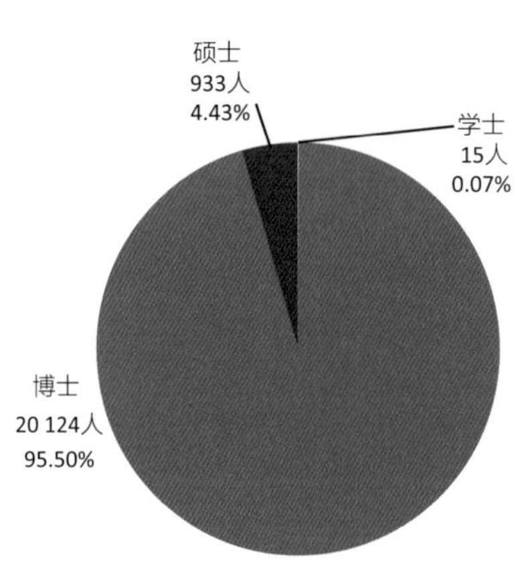

图 2-1-6　2021 年度青年科学基金项目负责人学位分布及所占比例

（七）地区科学基金项目

支持特定地区的部分依托单位的科学技术人员在科学基金资助范围内开展创新性的科学研究，培养和扶植该地区的科学技术人员，稳定和凝聚优秀人才，为区域创新体系建设与经济、社会发展服务。

2021 年度地区科学基金项目申请与资助统计数据见表 2-1-10；项目负责人年龄段统计如图 2-1-7 所示，项目组成人员情况如图 2-1-8 所示。

表 2-1-10　2021 年度地区科学基金项目按地区统计申请与资助情况

序号	省、自治区	申请项数	资助项数	资助经费（万元）	资助率（%）
1	江　西	4 369	705	24 098.50	16.14
2	云　南	3 388	468	16 201.40	13.81
3	广　西	3 522	462	15 934.70	13.12

续 表

序号	省、自治区		申请项数	资助项数	资助经费（万元）	资助率（%）
4	新 疆		1 956	244	8 423.90	12.47
5	贵 州		3 148	437	15 116.00	13.88
6	甘 肃		1 824	278	9 626.00	15.24
7	内蒙古		1 650	245	8 483.10	14.85
8	宁 夏		962	139	4 779.30	14.45
9	海 南		980	172	5 917.30	17.55
10	青 海		374	58	2 017.10	15.51
11	西 藏		131	26	882.00	19.85
12	陕 西	延安市	136	25	873.00	18.38
		榆林市	155	12	410.00	7.74
13	吉 林	延边朝鲜族自治州	214	31	1 072.20	14.49
14	湖 南	湘西土家族苗族自治州	83	17	591.00	20.48
15	湖 北	恩施土家族苗族自治州	108	15	512.50	13.89
16	四 川	凉山彝族自治州	49	2	70.00	4.08
		甘孜藏族自治州	1	0	0.00	0.00
		阿坝藏族羌族自治州	7	1	32.00	14.29
合计 / 平均值			23 057	3 337	115 040.00	14.47

注：男性申请 14 531 项，资助 2 205 项；女性申请 8 526 项，资助 1 132 项。

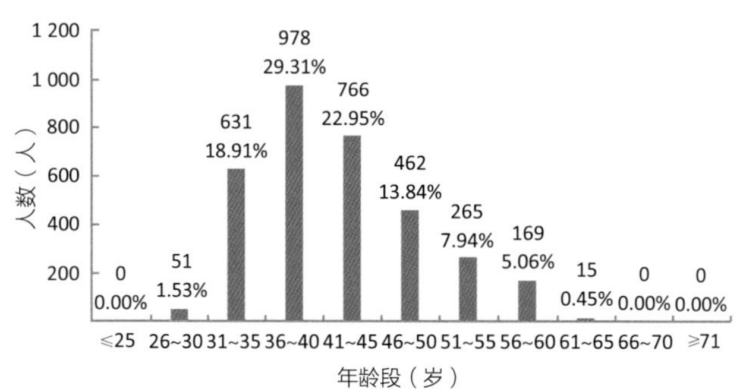

图 2-1-7 2021 年度地区科学基金项目负责人按年龄段统计

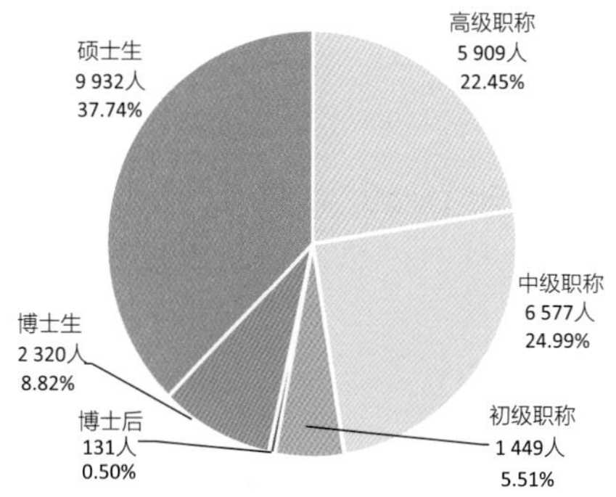

图 2-1-8 2021 年度地区科学基金项目组成人员分布及所占比例

（八）优秀青年科学基金项目

支持在基础研究方面已取得较好成绩的青年学者自主选择研究方向开展创新研究，促进青年科学技术人才的快速成长，培养一批有望进入世界科技前沿的优秀学术骨干。

为支持香港特别行政区、澳门特别行政区科技创新发展，鼓励爱国爱港爱澳高素质科技人才参与中央财政科技计划，为建设科技强国贡献力量，2021 年继续面向港澳地区依托单位科学技术人员，开放优秀青年科学基金项目（港澳）申请。

2021 年度优秀青年科学基金项目接收申请 6 723 项。经专家评审，批准资助 645 项，实行经费包干制，资助经费为 200 万元 / 项，总资助经费为 129 000 万元。

2021 年度优秀青年科学基金项目申请与资助统计数据见表 2-1-11、表 2-1-12。

表 2-1-11　2021 年度优秀青年科学基金项目按科学部统计申请与资助情况

科学部	申请项数	资助项数	资助经费（万元）
数学物理科学部	717	71	14 200.00
化学科学部	805	86	17 200.00
生命科学部	872	86	17 200.00
地球科学部	690	59	11 800.00
工程与材料科学部	1 231	109	21 800.00
信息科学部	897	90	18 000.00
管理科学部	234	21	4 200.00
医学科学部	755	74	14 800.00
交叉科学部	357	24	4 800.00
合　计	6 558	620	124 000.00

注：男性申请 5 040 项，资助 473 项；女性申请 1 518 项，资助 147 项。

表 2-1-12　2021 年度优秀青年科学基金项目（港澳）按科学部统计申请与资助情况

科学部	申请项数	申请项数	资助经费（万元）
数学物理科学部	26	4	800.00
化学科学部	17	2	400.00
生命科学部	20	4	800.00
地球科学部	15	3	600.00
工程与材料科学部	30	4	800.00
信息科学部	25	5	1 000.00
管理科学部	12	1	200.00
医学科学部	20	2	400.00
合　计	165	25	5 000.00

注：男性申请 130 项，资助 19 项；女性申请 35 项，资助 6 项。

（九）国家杰出青年科学基金项目

支持在基础研究方面已取得突出成绩的青年学者自主选择研究方向开展创新研究，促进青年科学技术人才的成长，吸引海外人才，培养和造就一批进入世界科技前沿的优秀学术带头人。

2021 年度共有 4 105 名青年学者申请国家杰出青年科学基金，经专家评审，314 人获得资助，实行经费包干制，资助经费为 400 万元 / 项（数学和管理科学为 280 万元 / 项），总资助经费为 123 320 万元。

2021 年度国家杰出青年科学基金项目申请与资助统计数据见表 2–1–13。

表 2–1–13　2021 年度国家杰出青年科学基金项目按科学部统计申请与资助情况

科学部	申请项数	资助项数	资助经费（万元）
数学物理科学部	497	37	13 720.00
化学科学部	548	45	18 000.00
生命科学部	470	38	15 200.00
地球科学部	419	32	12 800.00
工程与材料科学部	700	57	22 800.00
信息科学部	547	43	17 200.00
管理科学部	121	10	2 800.00
医学科学部	467	38	15 200.00
交叉科学部	336	14	5 600.00
合　计	4 105	314	123 320.00

注：男性申请 3 616 项，资助 268 项；女性申请 489 项，资助 46 项。

（十）创新研究群体项目

支持优秀中青年科学家为学术带头人和研究骨干，共同围绕一个重要研究方向合作开展创新研究，培养和造就在国际科学前沿占有一席之地的研究群体。

2021 年度创新研究群体项目接收申请 322 项。经专家评审，批准资助 42 项，直接费用为 1 000 万元 / 项（数学和管理科学直接费用为 800 万元 / 项），总直接费用 41 400 万元，间接费用为 200 万元 / 项。

2021 年度创新研究群体项目申请与资助统计数据见表 2–1–14。

表 2-1-14　2021 年度创新研究群体项目按科学部统计申请与资助情况

科学部	申请项数	资助项数	资助经费（万元）
数学物理科学部	35	5	4 800.00
化学科学部	32	5	5 000.00
生命科学部	31	5	5 000.00
地球科学部	44	5	5 000.00
工程与材料科学部	52	6	6 000.00
信息科学部	49	5	5 000.00
管理科学部	9	2	1 600.00
医学科学部	40	5	5 000.00
交叉科学部	30	4	4 000.00
合　计	322	42	41 400.00

（十一）联合基金项目

发挥国家自然科学基金的导向作用，引导与整合社会资源投入基础研究，促进有关部门、企业、地区与高等学校和科学研究机构的合作，培养科学与技术人才，推动我国相关领域、行业、区域自主创新能力的提升。

2021 年度联合基金项目申请与资助统计数据见表 2-1-15。

表 2-1-15　2021 年度联合基金项目申请与资助情况

序号	联合基金名称	申请项目	资助项数	资助经费（万元）
1	区域创新发展联合基金（20 个）	1 842	530	143 580.40
2	企业创新发展联合基金（6 个）	548	106	30 667.91
3	NSAF 联合基金	177	36	3 780.00
4	民航联合研究基金	77	18	3 780.00
5	长江水科学研究联合基金	140	25	6 428.80
6	“叶企孙”科学基金	192	55	14 347.20
7	气象联合基金	71	14	3 704.40
8	地震科学联合基金	39	9	2 520.00
9	智能电网联合基金	93	18	6 720.00
10	核技术创新联合基金	93	23	5 880.00
11	NSFC- 云南联合基金	242	22	5 141.00
12	NSFC- 山东联合基金	211	32	8 400.00
13	黄河水科学研究联合基金	132	23	5 980.00
合　计		3 857	911	240 929.71

（十二）国家重大科研仪器研制项目

面向科学前沿和国家需求，以科学目标为导向，资助对促进科学发展、探索自然规律和开拓研究领域具有重要作用的原创性科研仪器与核心部件的研制，以提升我国的原始创新能力。

2021 年度国家重大科研仪器研制项目（自由申请）接收申请 594 项，共资助 75 项，资助直接费用 60 934.36 万元，直接费用平均资助强度为 812.46 万元 / 项；国家重大科研仪器研制项目（部门推荐）推荐 56 项，共资助 4 项，资助直接费用 33 708.56 万元，直接费用平均资助强度为 8 427.14 万元 / 项。

2021 年度国家重大科研仪器研制项目（自由申请）申请与资助统计数据见表 2-1-16。

表 2-1-16　2021 年度国家重大科研仪器研制项目（自由申请）按科学部统计申请与资助情况

科学部	申请项数	资助项数	资助经费（万元）	平均资助强度（万元 / 项）
数学物理科学部	90	10	7 650.25	765.03
化学科学部	61	12	9 435.66	786.31
生命科学部	22	2	1 583.02	791.51
地球科学部	67	7	5 594.60	799.23
工程与材料科学部	124	17	13 961.96	821.29
信息科学部	163	19	15 998.32	842.02
医学科学部	67	8	6 710.55	838.82
合计 / 平均值	594	75	60 934.36	812.46

（十三）基础科学中心项目

旨在集中和整合国内优势科研资源，瞄准国际科学前沿，超前部署，充分发挥科学基金制的优势和特色，依靠高水平学术带头人，吸引和凝聚优秀科技人才，着力推动学科深度交叉融合，相对长期稳定地支持科研人员潜心研究和探索，致力科学前沿突破，产出一批国际领先水平的原创成果，抢占国际科学发展的制高点，形成若干具有重要国际影响的学术高地。

2021 年度基础科学中心项目接收申请 66 项。经专家评审，批准资助 17 项，总直接费用 101 000 万元。

2021 年度基础科学中心项目申请与资助统计数据见表 2-1-17。

表 2-1-17　2021 年度基础科学中心项目按科学部统计申请与资助情况

科学部	申请项数	资助项数	资助经费（万元）
数学物理科学部	4	2	12 000.00
化学科学部	5	2	12 000.00
生命科学部	6	2	12 000.00
地球科学部	6	2	12 000.00
工程与材料科学部	8	2	12 000.00
信息科学部	6	2	12 000.00
管理科学部	3	1	5 000.00
医学科学部	5	2	12 000.00
交叉科学部	23	2	12 000.00
合　计	66	17	101 000.00

（十四）专项项目

支持需要及时资助的创新研究，以及与国家自然科学基金发展相关的科技活动等。专项项目分为研究项目、科技活动项目、原创探索计划项目和科技管理专项项目。其中，研究项目用于资助及时落实国家经济社会与科学技术等领域战略部署的研究，重大突发事件中涉及的关键科学问题研究，需要及时资助的创新性强、有发展潜力的、涉及前沿科学问题的研究。

科技活动项目用于资助与国家自然科学基金发展相关的战略与管理研究、学术交流、科学传播、平台建设等活动。

原创探索计划项目用于资助科研人员提出原创学术思想、开展探索性与风险性强的原创性基础研究工作，如提出新理论、新方法和揭示新规律等，旨在培育或产出从无到有的引领性原创成果，解决科学难题、引领研究方向或开拓研究领域，为推动我国基础研究高质量发展提供源头供给。

科技管理专项项目用于资助具有较强宏观战略思维、较高专业水平并有志从事科技管理工作的复合型人才，开展科技管理中相关科学问题的研究与实践，旨在探索建立科技管理人才的资助机制，培养一批高水平的战略型科技管理人才，为新时代科学基金体系提供决策支撑和政策建议，为服务创新驱动发展战略、完善科技治理体系贡献力量。

2021 年度专项项目资助统计数据见表 2-1-18 。

表 2-1-18　2021 年度专项项目资助情况

序号	项目类别		资助项数	资助经费（万元）
1	研究项目	科学部综合研究项目	200	38 179.00
		管理学部应急管理项目	20	411.00
		理论物理专款研究项目	77	3 130.00
2	科技活动项目	科学部综合科技活动项目	185	2 444.80
		理论物理专款科技活动项目	30	1 370.00
		共享航次计划科学考察项目	13	6 850.00
		局室委托任务及软课题	75	5 040.00
		科学基金定点帮扶项目	5	150.00
		共享航次计划战略研究项目	2	150.00
3	原创探索计划项目	指南引导类原创探索计划项目	104	21 286.00
		专家推荐类原创探索计划项目	47	9 690.00
4	科技管理专项项目	科技管理专项项目	1	180.00
合计			759	88 880.80

（十五）数学天元基金项目

为凝聚数学家集体智慧，探索符合数学特点和发展规律的资助方式，推动建设数学强国而设立的专项基金。数学天元基金项目支持科学技术人员结合数学学科特点和需求，开展科学研究，培育青年人才，促进学术交流，优化研究环境，传播数学文化，从而提升中国数学创新能力。

2021 年度数学天元基金项目接收申请 528 项，共资助 133 项，资助直接费用 4 500.00 万元，直接费用平均资助强度为 33.83 万元 / 项。

（十六）外国学者研究基金项目

支持来华开展研究工作的外籍优秀科研人员，在国家自然科学基金资助范围内自主选题，在内地开展基础研究工作，促进外籍学者与中国学者之间开展长期、稳定的学术合作与交流。外国学者研究基金项目包括外国青年学者研究基金项目、外国优秀青年学者研究基金项目和外国资深学者研究基金项目 3 个层次。

2021 年度外国学者研究基金项目申请与资助统计数据见表 2-1-19。

表 2-1-19　2021 年度外国学者研究基金项目按科学部统计申请与资助情况

科学部	外国青年学者研究基金				外国优秀青年学者研究基金				外国资深学者研究基金			
	申请项数	资助项数	资助经费（万元）	平均资助强度（万元 / 项）	申请项数	资助项数	资助经费（万元）	平均资助强度（万元 / 项）	申请项数	资助项数	资助经费（万元）	平均资助强度（万元 / 项）
数学物理科学部	78	20	472.00	23.60	49	7	543.00	77.57	42	4	536.00	134.00
化学科学部	116	21	560.00	26.67	46	6	420.00	70.00	33	4	560.00	140.00
生命科学部	188	34	1 038.00	30.53	53	9	680.00	75.56	102	14	2 160.00	154.29
地球科学部	70	19	620.00	32.63	34	5	360.00	72.00	37	6	875.00	145.83
工程与材料科学部	172	36	1 081.00	30.03	66	8	600.00	75.00	71	9	1 360.00	151.11
信息科学部	75	9	240.00	26.67	45	7	537.00	76.71	47	4	640.00	160.00
管理科学部	82	7	240.00	34.29	31	5	312.01	62.40	23	3	375.86	125.29
医学科学部	57	10	280.00	28.00	39	3	200.00	66.67	76	6	960.00	160.00
合计 / 平均值	838	156	4 531.00	29.04	363	50	3 652.01	73.04	431	50	7 466.86	149.34

（十七）国际（地区）合作交流项目

在组织间协议框架下，鼓励科学基金项目承担者在项目实施期间开展广泛的国际（地区）合作交流活动，加快在研科学基金项目在提高创新能力、人才培养、推动学科发展等方面的进程，提高在研科学基金项目的完成质量。项目承担者通过以人员互访为主的合作交流活动、在境内举办双（多）边会议以及出国（境）参加双（多）边会议，增加对国际学术前沿的了解，提高国际视野，建立和深化国内外同行间的合作关系，为今后开展更广泛、更深入的国际合作奠定良好基础，同时加强科学基金研究成果的宣传，增强我国科学研究的国际影响力。

2021 年度国际（地区）合作交流项目申请与资助统计数据见表 2-1-20。

表 2-1-20　2021 年度国际（地区）合作交流项目按合作交流活动统计申请与资助情况

序号	合作交流活动	申请项数	资助项数	资助经费（万元）	平均资助强度（万元 / 项）
1	合作交流	891	288	4 280.89	14.86
2	出国（境）参加双（多）边会议	19	5	49.25	10.92
3	在境内举办双（多）边会议	33	8	136.30	14.88

二、重大研究计划选介

“可解释、可通用”的下一代人工智能方法

该重大研究计划于 2021 年批准，周期 8 年，资助直接经费 2 亿元。

以深度学习为代表的人工智能已成为广泛使用的“工具”，但当前深度学习方法仍然是基于经验的、并非系统性的科学，其不鲁棒、不可解释、对数据的强依赖等诸多缺陷已成为限制其被进一步推广应用的瓶颈。

该重大研究计划旨在充分挖掘人工智能背后的数学原理，发展“可解释、可通用”的下一代人工智能方法，并推动人工智能方法在科学领域的创新应用（图 2-2-1）。

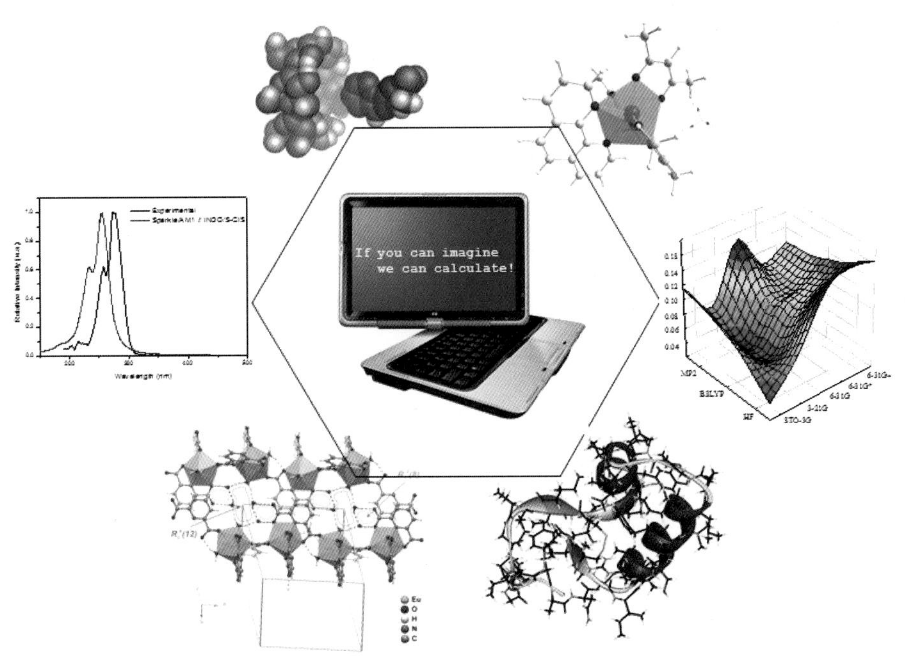

图 2-2-1 “可解释、可通用”的下一代人工智能

该重大研究计划的组织实施将围绕以下三个关键科学问题展开。

（1）建立深度学习的基础数学原理。从数学理论出发，深入挖掘深度学习模型对超参数的依赖关系，理解深度学习背后的工作原理，建立深度学习方法的逼近理论、泛化误差分析理论和优化算法的收敛性理论。

（2）建立“可解释、可通用”的下一代人工智能方法。发展“可解释、可通用”的下一代人工智能方法的算法框架和基础设施。

（3）推动下一代人工智能方法在科学领域的应用（AI for Science）。发展模型和数据融合驱动的科研新范式，构筑赋能未来科学研究的新基础设施，建设开源科学数据库、科学计算物理模型和算法库以及模型训练平台。

该重大研究计划以“科学工具”的共性需求为牵引，以解决人工智能领域基础科学问题，研发“可解释、可通用”的下一代人工智能方法为核心科学目标，通过深入开展跨学科协同研究和创新，形成一批领先全球的人工智能理论研究和应用突破，探索在能源材料、半导体材料、高熵合金、药物、催化以及燃烧等科学领域应用场景中的示范性应用。形成包括学科、人才和机制多线横向融合的新型科学研究方法和基础科研体系，为我国建立一支活跃、顶尖的人工智能和相关科学领域的研究队伍，引导我国的人工智能往前瞻、理性和源头创新的方向发展。

多物理场高效飞行科学基础与调控机理

该重大研究计划于 2021 年批准，周期 8 年，资助直接经费 2 亿元。

航天运输系统是进入太空、开发和利用太空的核心运载工具。该重大研究计划面向 1 小时左右全球抵达和航班化天地往返运输国家重大需求，提出跨域高效智能飞行新思路（图 2-2-2），通过飞行器构型连续变化，结合主动流动调控和智能控制实现跨大空域、宽速域、可重复的高效智能飞行，针对跨域高速飞行极端环境下实现高效智能飞行的世界性难题，聚焦跨域高效智能飞行重大基础问题，期望取得突破性发展。

该重大研究计划总体科学目标是：瞄准航天运输系统国家重大需求，提出跨域高效智能飞行新思路，建立跨域变构飞行非定常空气动力学模型，发展跨域变构可重复飞行器智能控制理论，突破变构飞行器主动热防护、变构型机构 - 结构设计、主动流动控制和电磁力热环境模拟与科学试验系统等关键技术，取得一批跨域高效智能飞行原创性成果，牵引学科深度融合与创新发展，革新面向航天巨系统的智能系统工程范式，为我国未来航天运输系统提供关键理论、方法、技术和人才队伍储备。

该重大研究计划拟解决以下三个核心科学问题。

（1）变构型材料与机构的多场耦合规律。揭示柔性材料 - 变形机构在复杂约束下热防护、变形机构与结构、刚柔耦合作用机理，建立结构健康监测、耐久性与损伤容限评价新方法，满足对飞行器变构材料与机构的极限需求。

（2）跨域非稳态流动模型及调控机制。厘清复杂时变边界条件下飞行器流动与飞行变形的相互作用机制，发展主动流动调控手段，实现气动特性精确预示和高效降热减阻。

（3）变构与飞行的一体化智能控制。明晰强不确定环境下飞行动力学耦合机理，突破跨域无缝自主导航及环境－任务自匹配在线自主规划决策等关键技术，构建变形与飞行一体化智能控制方法。

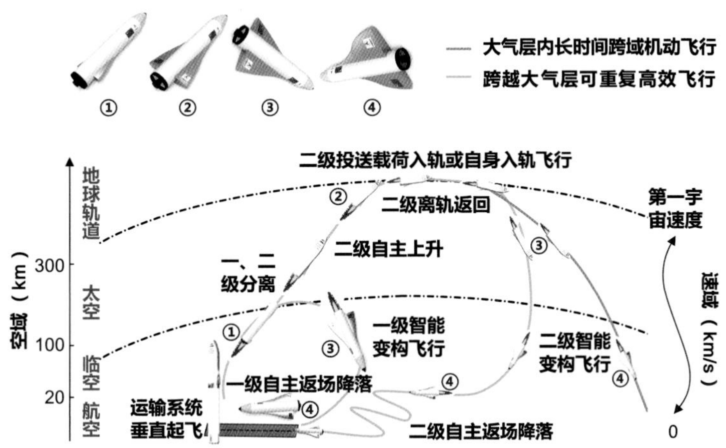

图 2-2-2　跨域高效智能航天运输系统示意

PART 3

第三部分

资助成果巡礼

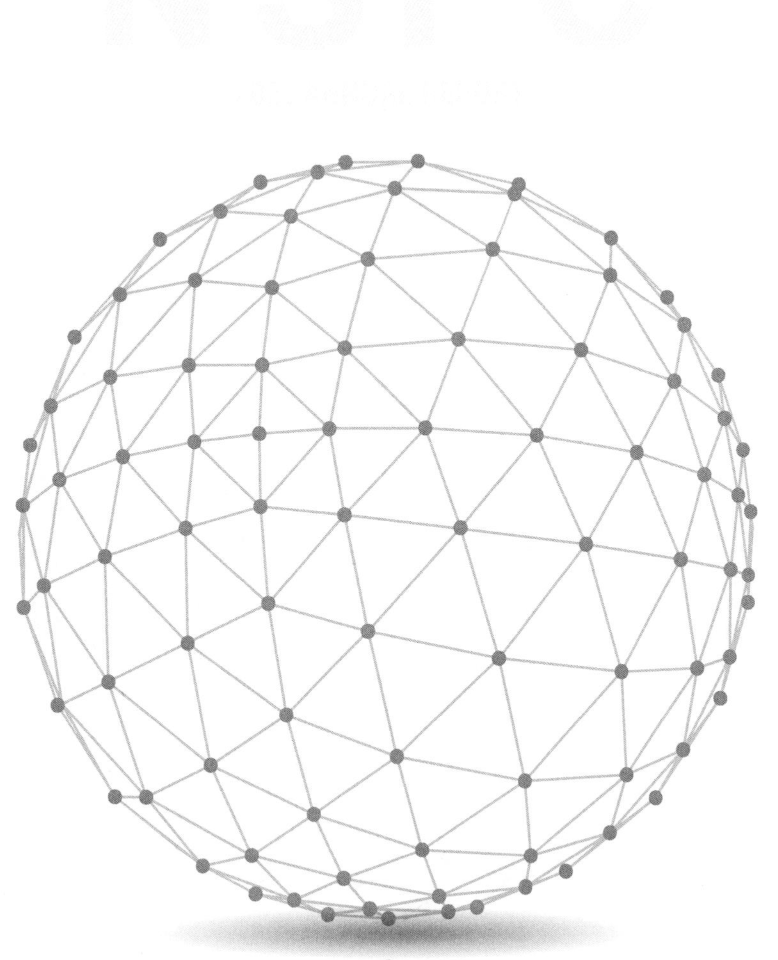

NSFC

一、"十三五"优秀成果回顾

2016—2020 年，国家自然科学基金共计投入经费 1 397.54 亿元，累计资助项目数量 22 万余项，其中人才项目 83 990 项，投入直接费用共计 273.5 亿元。"十三五"期间共计产出论文 200 余万篇次，专利 18 余万项次，培养硕士博士 50 余万人次。截至 2021 年 5 月，中国发表的 SCI 论文数量首次排名世界第一，其中 70% 的论文受到国家自然科学基金资助。同时，中国 SCI 论文的质量与被引用情况也持续提高。截至 2021 年 9 月，中国高被引论文数占世界份额的 24.8%，数量比 2020 年增加 15.5%，世界排名保持在第 2 位；中国的热点论文数占世界总量的 36.3%，数量比 2020 年增加 10.2%，世界排名保持在第 2 位。

BSD 猜想和 Goldfeld 猜想

BSD 猜想是千禧年大奖难题之一，是现代数论研究的重要课题。古老的同余数问题与之紧密相关。中国科学院数学与系统科学研究院田野研究员在国家自然科学基金（国家杰出青年科学基金项目 11325106、创新研究群体项目 11621061、基础科学中心项目 11688101）的资助下，取得了以下一些原创性成果，并受邀将在 2022 年国际数学家大会上作 45 分钟报告。

（1）BSD 猜想中的 p– 逆问题。20 世纪 70 年代，科茨（Coates）和怀尔斯（Wiles）首先在 BSD 猜想上取得突破；20 世纪 80 年代，格罗斯 – 扎吉尔（Gross–Zagier）、科利瓦金（Kolyvagin）、鲁宾（Rubin）取得实质性进展；之后主要的进展是 20 世纪 90 年代贝尔托利尼（Bertolini）、达尔蒙（Darmon）的工作及 2000 年后斯金纳（Skinner）、乌尔班（Urban）、张伟、万昕等人在岩泽主猜想和非复乘情形 p– 逆问题上的工作。但秩 1 情形的 p– 逆问题对带复乘的情形却仍然有着本质的障碍，田野与合作者通过引入新的赫格内尔（Heegner）点构造，提出并证明了一种新形式的岩泽猜想，最终克服了现有方法的障碍，建立了 p– 逆问题上的如下结果：对有理数域上带复乘椭圆曲线以及任意大于 3 的好常规素数 p，p– 逆猜想成立（图 3–1–1）。相关文章发表在 *Inventiones Mathematicae*。

（2）同余椭圆曲线的弱戈德菲尔德（Goldfeld）猜想。Goldfeld 猜想是指对椭圆曲线的二次扭族，L– 函数在中心处的零点阶数为 0 和 1 的密度各为 50%。一个正整数 n 被称为同余数，如果它是有理直角三角形的面积，或等价地，同余椭圆曲线 $E_n: ny^2=x^3-x$ 的莫德尔 – 韦尔（Mordell–Weil）秩为正。记 r_n 为 E_n 的 L– 函数中心处的零点的阶。对于同余椭圆曲线这个二次扭族，Goldfeld 猜想也可叙述为在模 8 余 1，2，3（相应地，模 8 余 5，6，7）的平方自由正整数 n 中，存在密度为 1 的子集，满足 $r_n=0$（相应地，$r_n=1$）。

长期以来，在同余椭圆曲线上的 Goldfeld 猜想，甚至在仅要求正密度的弱版本上都没有进展。田野与合作者基于田野前期工作中建立的方法，并结合史密斯（Smith）的工作，获得了人们长期期待的正密度结果：同余椭圆曲线二次扭族的弱 Goldfeld 猜想成立，更精确地，在模 8 余 1，2，3 的平方自由正整数中，$r_n=0$ 的密度超过 40%，在模 8 余 5，6，7 的平方自由正整数中，$r_n=1$ 的密度超过 50%。特别地，超过一半的模 8 余 5，6，7 的平方自由正整数是同余数（图 3-1-2）。相关文章发表在 *Asian Journal of Mathematics*。

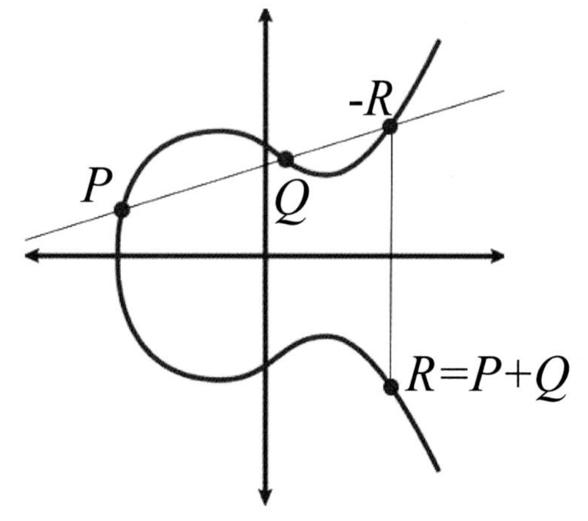

图 3-1-1　椭圆曲线是 BSD 猜想的研究对象，它的有理点有有限生成交换群结构

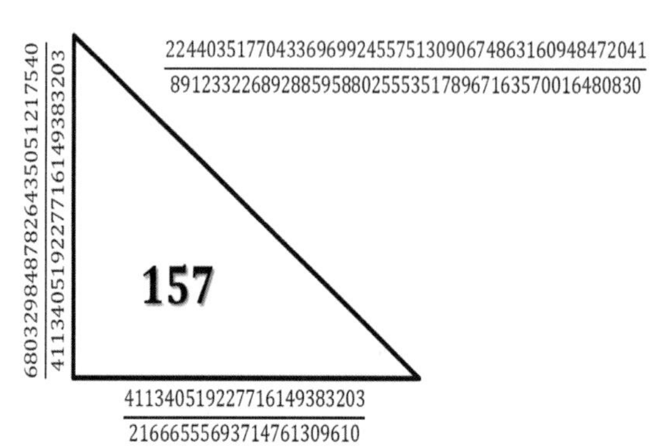

图 3-1-2　157 是同余数

量子反常霍尔效应的实验发现

强磁场下二维电子系统呈现的量子霍尔效应是凝聚态物理学的重要研究方向，相关发现曾三次获得诺贝尔物理学奖。量子反常霍尔效应是一种不需要外加磁场、基于全新物理原理的量子霍尔效应。它不但是量子霍尔态得以实际应用的关键，还是很多新奇量子效应实现的基础。在实际材料中，实验发现量子反常霍尔效应是凝聚态物理学的重大科学目标之一，但过去二十多年来没有实质性实验进展。

清华大学薛其坤教授等与中国科学院物理研究所研究人员组成的联合研究团队，在国家自然科学基金（重大研究计划项目 91021006、重点项目 11134008、面上项目 11174343、创新研究群体项目 11021464 ）的资助下，在国际上首先建立了 Bi_2Te_3（碲化铋）家族拓扑绝缘体分子束外延生长动力学并发展出高质量拓扑绝缘体薄膜材料的制备方法；首次在实验上揭示出拓扑表面态随维度的演化过程及背散射缺失等独特性质；发展了拓扑绝缘体薄膜的能带结构和化学势调控手段；在磁性掺杂拓扑绝缘体薄膜中，首次发现了拓扑导致的磁量子相变并揭示出在其中建立长程铁磁序的关键因素；制备出同时具备铁磁性、体绝缘性、拓扑非平庸性的磁性掺杂拓扑绝缘体薄膜，并在这种薄膜中首次在实验上观测到量子反常霍尔效应（图 3-1-3）。该发现已被国际上多个知名实验室重复与确认，被 2016 年诺贝尔物理学奖评奖委员会和获得者霍尔丹（Haldane）列为拓扑物质领域近二十年来最重要的实验发现之一。成果获 2018 年度国家自然科学奖一等奖。

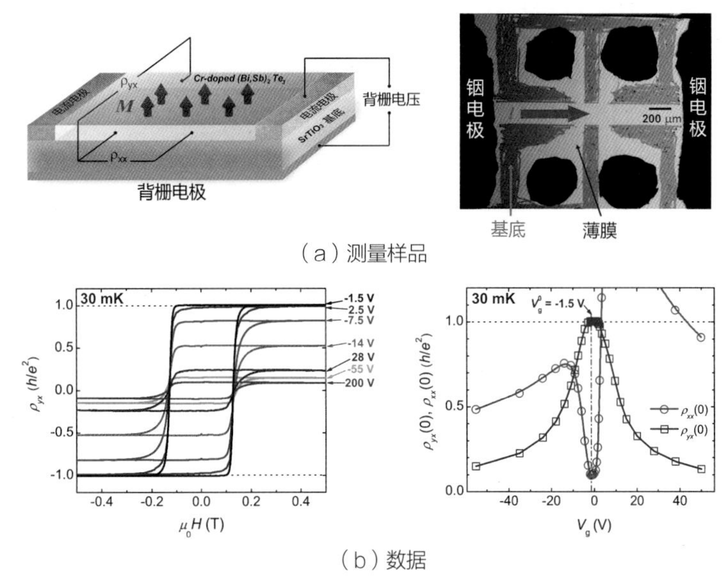

（a）测量样品

（b）数据

图 3-1-3　量子反常霍尔效应实验发现

大型强子对撞机上底夸克物理（LHCb）实验发现五夸克态及相关研究

北京大学高原宁教授等和清华大学组成的 LHCb 中国研究团队在国家自然科学基金 [国际（地区）合作交流项目 111611140590，面上项目 11575091、11775122] 的资助下，基于 LHCb 实验开展包括五夸克态在内的重味强子谱研究，在 LHCb 实验发现五夸克态等相关研究中取得了重要的研究成果。

团队在 $\Lambda_b^0 \to J/\psi pK^-$ 衰变过程的 $J/\psi p$ 质量谱中观测到两个性质与五夸克态相符的共振态结构 $P_c(4380)^+$ 和 $P_c(4450)^+$。这是自夸克模型预言存在五夸克态以来，首次在实验上得到确切的观测结果，对于理解强相互作用的本质具有重要意义。该成果以封面推荐文章发表在

Physical Review Letters，入选 *Physics World* 年度物理学领域“十大突破”和 *Physics* 年度物理学领域“八项重要成果”。为了揭示五夸克态的产生机制和内在结构，团队开展了系列研究，利用更大的数据样本发现了全新的窄五夸克粒子结构 $P_c(4312)^+$，并观测到 $P_c(4450)^+$ 的精细结构（图 3-1-4）由两个质量相近的共振态 $P_c(4440)^+$ 和 $P_c(4457)^+$ 叠加而成；发现了具有近域特性的含奇异夸克的五夸克态存在迹象。

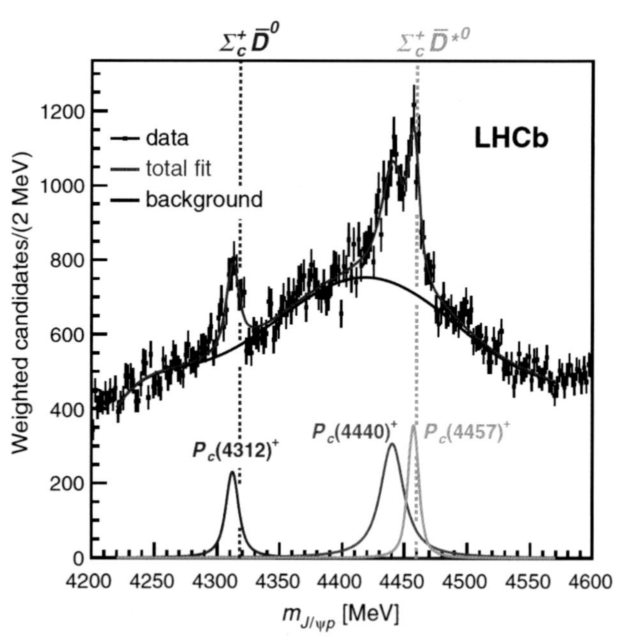

黑色数据点是 $J/\psi p$ 质量谱，其中三个明显的峰状结构对应于五夸克态的贡献。新发现的五夸克态宽度较窄，质量峰接近阈值（虚线所示）。这些特性有助于揭示五夸克态的内在结构

图 3-1-4 LHCb 中国研究团队主导完成的新五夸克态的发现

五夸克态为研究强相互作用提供了崭新的平台，有助于理解强相互作用中的夸克禁闭和非微扰效应。对这些新五夸克态的性质研究表明，自然界很可能存在一大类由重子和介子束缚形成的崭新物质结构。团队正在深入开展相关研究，精确测量五夸克态的质量、宽度、宇称和自旋等量子数，并寻找新的五夸克态，为这一类新物质结构建立全新的图像。

手性螺环催化剂的发现

手性分子与我们的生命和生活密切相关。能像“酶”一样精准、高效地创造手性分子是科学家的梦想和追求。在过去几十年里，科学家发明了许多手性催化剂（人工酶），但和自然界的酶催化剂相比，人工手性催化剂在手性分子的合成效率方面还存在很大差距。能否发展出催化效率超越酶的人工手性催化剂，是合成化学领域兼具科学性和实用性的重大科学问题。南开大学周其林教授团队在国家自然科学基金的资助下，经过二十多年的努力，发展出一类全新的手性螺环催化剂。这类手性螺环催化剂在许多不对称合成反应中都表现出极高的催化活性和优异的对映选择性。手性螺环催化剂的催化效率超越了酶的水平，将手性分子的合成效率提高到了一个新的高度，也改变了人们对人工催化剂极限的认知。

团队提出了“刚性骨架提高催化剂手性诱导能力和稳定性”的设计思想，设计出一类全新结构的刚性手性螺环骨架，并基于这一刚性骨架结构合成了系列手性螺环配体和催化剂（图 3-1-5）。手性螺环催化剂在许多不对称合成反应中都表现出了优异的催化活性和不对称诱导能力，已被用于手性药物生产。

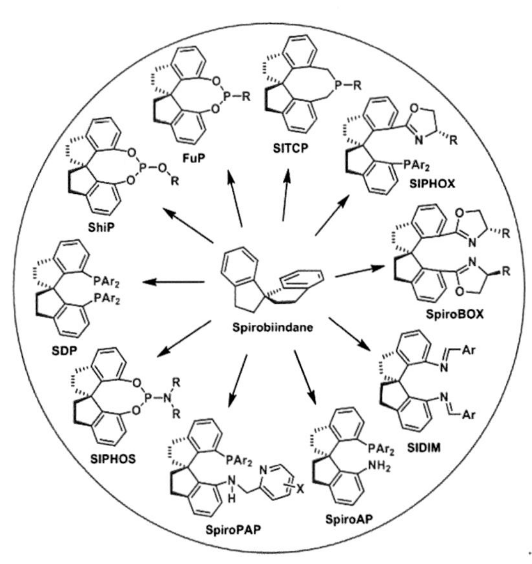

图 3-1-5 手性螺环配体和催化剂

手性螺环催化剂使许多不对称催化反应由原来的不可能变成可能。例如，手性螺环双噁唑啉铜和铁催化剂将数个金属卡宾对杂原子氢键的不对称插入反应由原来没有对映选择性发展成为具有很高对映选择性的有用反应，其中多个反应属于首次实现其不对称催化。手性螺环催化剂的开发应用拓展了不对称催化合成领域。

手性螺环催化剂在多个不对称催化反应中都保持了最高的催化活性和对映选择性记录，特别是超高效的手性螺环铱催化剂在酮的不对称催化氢化反应中的转化数（1 摩尔催化剂转化的底物摩尔数）达到 450 万，是迄今为止最为高效的手性催化剂，也超越了大多数“酶”催化的效率。

由于发现了手性螺环催化剂，周其林获得 2018 年度未来科学大奖（物质科学奖），周其林团队获得 2019 年度国家自然科学奖一等奖。

金属纳米材料的表界面配位化学：从基础研究到工业应用

纳米尺度下固体的表界面结构高度复杂，导致其分子水平结构表征和化学性能本质的研究极具挑战性。厦门大学郑南峰教授团队在国家自然科学基金[重点项目 21731005、重大项目 21890752、国际（地区）合作交流项目 21420102001]的资助下，开展了金属纳米材料表界面配位化学的系统性研究，发现了通过无机 / 有机配位小分子修饰操控金属纳米材料化学行为的规律。团队不仅在发展金属表界面模型材料构筑新方法的基础上破解了金属纳米材料表界面配位层结构表征的难题，还系统地从配位化学的角度揭示了金属纳米材料表界面上有机 / 无机配位小分子参与物种活化、空间结构变化以及电子 / 质子传递等基元反应的分子机制，为特定功能金属纳米材料的理性设计提供了重要的理论支撑。其中，所发展的表面配位铜抗氧化全新方法（*Nature*，2020）和“点铜成钯”新概念（*Nature Nanotechnology*，2020）使铜替代银、钯等稀贵金属成为可能；揭示的界面电子和限域空间效应（*Science*，2016；*Nature Materials*，2016；*Nature Communications*，2018；*CCS Chemistry*，2019；*Nature Catalysis*，2020）使多相金属纳米催化剂拥有与均相催化剂相媲美的催化选择性。

团队独立完成的“金属纳米材料的表面配位化学”成果获 2018 年度国家自然科学奖二等奖。此原创工作为金属纳米材料表界面配位化学的发展做出了重要贡献，使我国成为相关领域的重要领跑者，郑南峰教授受邀为 *Chemical Reviews*、*Accounts of Chemical Research*、*Nature Nanotechnology*、*Journal of the American Chemical Society*（2 次）等期刊撰写综述或展望文章。基于基础研究的原创发现，积极推动表界面配位化学基础研究到实际应用的全链条化（图 3-1-6）。团队所开发的 5 种催化剂已得到工业应用，从源头上实现了若干高污化工过程的大幅减排，为精细化工行业从源头上实现零排放提供了有力支撑，为助力传统产业升级提供了重要推动力。

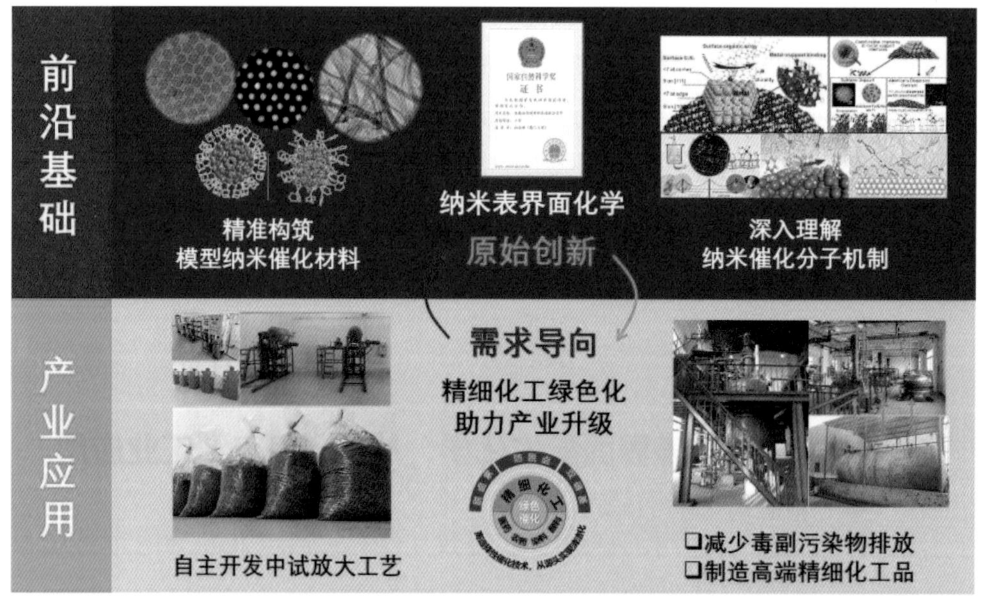

图 3-1-6　从基础研究到产业化应用示范

分子多重特异性的单化学键精准探测

分子是物质世界中能够独立存在并具备功能的最小单元，其化学结构、电子态、化学键振动等多维度的内禀参量决定了分子体系的特异性和功能性。如何实现分子体系多重特异性的全局表征是精密测量技术的一大挑战，也是表面科学的核心问题。在过去的四十多年里，以扫描隧道显微术（Scanning Tunneling Microscope，STM）为基础，衍生出多种高分辨功能的显微成像技术。例如，具有化学键分辨的非接触式原子力显微镜（Atomic Force Microscope，AFM）和埃级分辨的针尖增强拉曼成像技术（Tip-Enhanced Raman Spectroscopy，TERS）。这些技术分别以极其微弱的电流、力、光子为探测信号，从不同角度不断拓展对分子体系物性的认知。然而，这些技术的探测信号不同、技术原理迥异，单一技术无法实现对分子多重特异性的全局探测。

中国科学技术大学侯建国教授团队在国家自然科学基金（面上项目 21972129）等资助下，发展了 STM-AFM-TERS 联用技术，突破了单一显微成像技术的探测局限，通过对不同内禀参量的全局测量，在单化学键精度上实现了分子多重特异性的综合表征。该研究以并五苯分子及其衍生物为模型体系，结合电、力、光等不同外场作用，实现了对电子态、化学键结构、振动态等多内禀参量的精密测量（图 3-1-7）。实验结果揭示了银单晶 [Ag(110)] 表面吸附的并五苯分子转化为不同衍生物的机理，其中纳腔等离激元激发是导致特定吸附构型下 C—H 键选择性断裂的原因。在技术上，团队通过集成高灵敏度的单光子计数器，把拉曼光谱的实

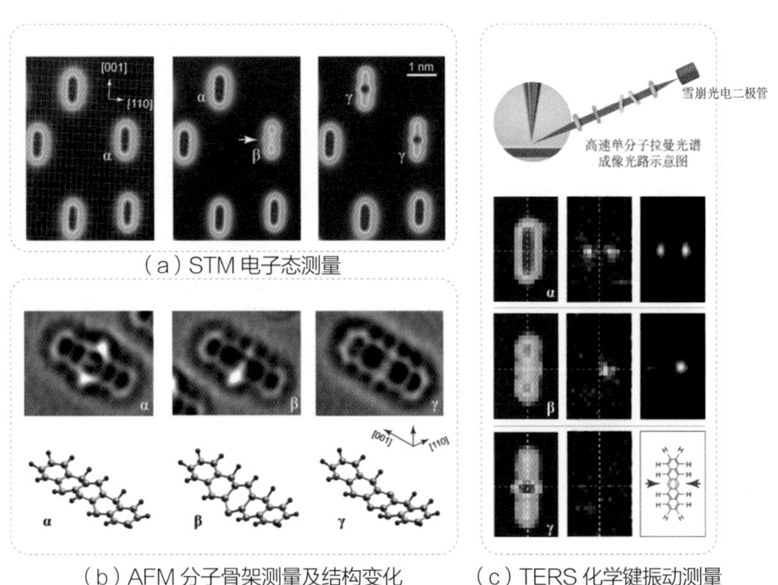

图 3-1-7 STM-AFM-TERS 技术联用对并五苯分子及其衍生物成像的实验结果

空间成像速度提高了两个数量级，进而实现了并五苯分子化学反应前后的动态跟踪与测量。结合理论计算，揭示了分子反应过程的机理，建立了单化学键精度的构效关系。

研究成果发表在 *Science*。这一融合多参量精密测量技术将为表面催化、表面合成和二维材料中的化学结构与物种识别以及构效关系的建立提供可行的方案，在表面化学、多相催化等研究领域具有重要的科学价值。

表观遗传调控植物生长发育和转座子活性的机制研究

表观遗传指 DNA 序列不变情况下发生的可遗传基因表达的改变，其机制主要包括 DNA 甲基化、组蛋白修饰、小 RNA 调控等。转座子在基因组中是如何稳定的以及它们的生物学意义一直是科学界的谜团，因此，也成为 *Science* 提出的 125 个最具挑战性的重要科学问题之一。中国科学院遗传与发育生物学研究所曹晓风研究员团队瞄准这一关键科学问题，系统鉴定了包含首个植物 H3K27 去甲基化酶在内的多个植物组蛋白甲基化和去甲基化酶。针对表观遗传调控转座子活性和植物发育开展了系统深入的研究，取得了一系列具有重要理论意义和应用前景的原创性成果。

（1）发现了植物组蛋白甲基化调控转座子沉默的表观新机制。转座子异常跳跃会引发基因组不稳定并导致其性状改变，多种癌症的发生与转座子异常跳跃密切相关。团队发现了植物组蛋白甲基化在调控转座子沉默中的重要功能与机制，并提出了“处于不同染色质微环境的转座子被不同的表观遗传机制所调控”的模型（图 3–1–8）。

（2）系统阐明了水稻小 RNA 生物合成途径及对生长发育的调控机制，首次在基因组水平上证实了转座子是调控元件。小 RNA 的发现揭示了困扰科学家多年的基因沉默现象的本质。团队在国际上开辟了水稻小 RNA 生物合成研究的新领域，阐明了水稻 DCL（Dicer–like）家族成员催化不同类型小 RNA 的生物合成，揭示了小 RNA 调控水稻生长发育的作用机制。

团队还发现水稻中大量散布于基因附近的 MITE 类转座子可产生小 RNA，并精细调控旁侧基因的表达，从而控制重要农艺性状，首次在基因组水平上证实了麦克林托克的“转座子调控元件”假说，揭示了转座子可以作为调控元件精细调控宿主转录组（图 3–1–9）。

上述研究受到国家自然科学基金（国家杰出青年科学基金项目 30325015，重点项目 30430410、30930048，创新研究群体项目 30921061）的资助。研究成果分别发表在 *Nature Genetics*、*Proceedings of the National Academy of Sciences of the United States of*

America、*Plant Cell* 等期刊。该团队在植物表观遗传调控方面取得的系统性原创成果开辟了水稻小 RNA 生物合成研究的新领域，引领了植物表观遗传学学科的发展，产生了重要的国际影响。

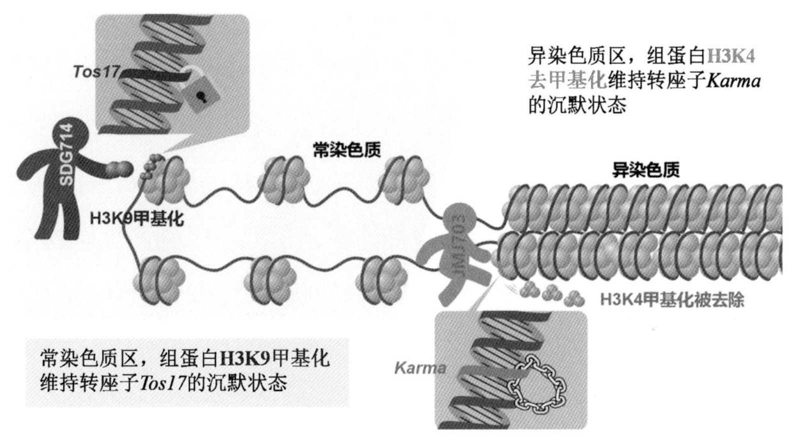

图 3-1-8　不同染色质区域转座子被不同的表观遗传机制所调控

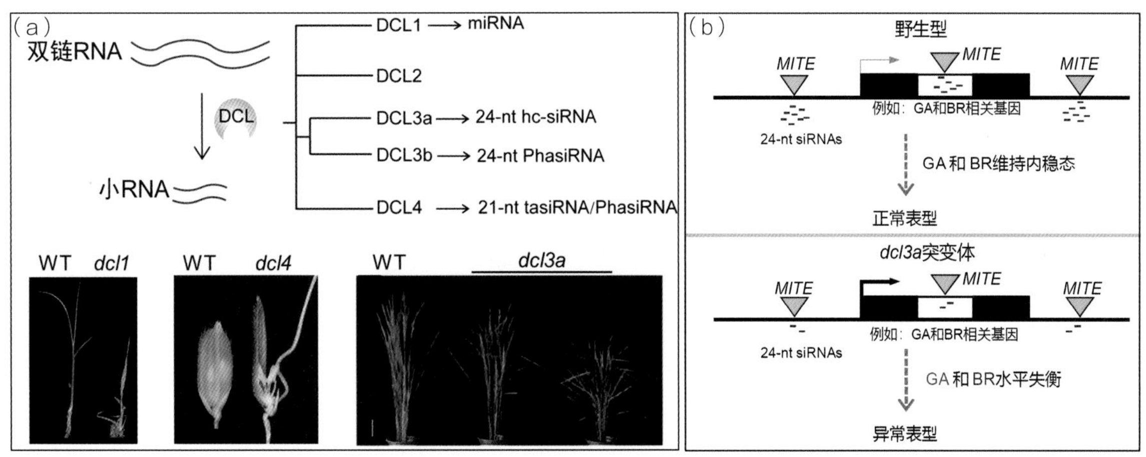

图 3-1-9　（a）水稻 DCL 蛋白家族参与调控各类小 RNA 的生物合成过程和水稻的生长发育过程；（b）水稻 DCL3a 蛋白可在散布于基因旁侧的 *MITE* 类转座子处产生 24-nt 长的小 RNA 进而调控旁侧基因表达，影响水稻的生长发育过程

水稻高产优质性状形成的分子机理及品种设计

育种技术为粮食产量提高和品质改良做出了巨大贡献，其创新得益于遗传学、分子生物学和基因组学的发展。在水稻等禾谷类作物育种中，由于产量与品质性状形成的复杂性，其调控机理尚不清楚，通过传统育种方法进行改良具有周期长、效率低等问题。面对日益增长的粮食需求，迫切需要更加高效和精准的育种技术，以达到高产优质的目标。

面对提高水稻产量和品质的双重挑战，在国家自然科学基金（重点项目 30330040，重大研究计划项目 90817108，创新研究群体项目 30221002、30821004）的资助下，中国科学院遗传与发育生物学研究所李家洋研究员团队对水稻产量与品质等重要农艺性状形成的分子机理及其在分子育种中的应用进行了系统深入的研究，揭示了水稻理想株型形成的分子基础，发现了理想株型形成的关键基因 *IPA1*，其应用可使带有半矮秆基因的现有高产品种的产量进一步提高（图 3-1-10）；阐明了稻米食用品质精细调控网络，用于指导优质稻米品种培育；自主创建了基因组学分析新方法，开辟了水稻复杂性状相关基因遗传研究的新途径，揭示了水稻起源及驯化过程；建立了高效精准的设计育种体系，示范了以高产优质为基础的设计育种，杂交培育了一系列高产优质新品种（图 3-1-11），为解决水稻产量与品质互相制约的难题提供了有效策略。

研究成果在 *Nature*、*Nature Genetics* 等期刊发表，多次入选中国科学十大进展和中国十大科技进展新闻，具有重要的国际影响，是绿色革命的新突破，为新绿色革命奠定了重要的理论基础，并获 2017 年度国家自然科学奖一等奖。

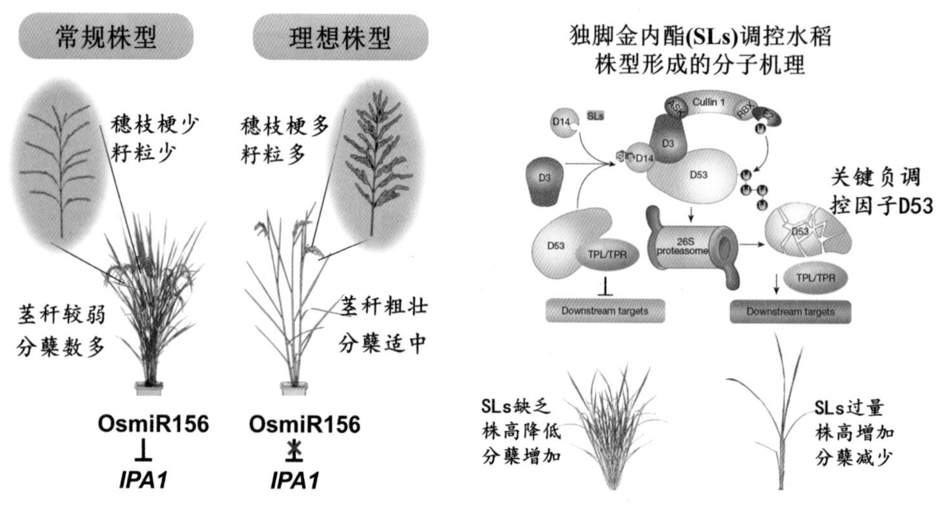

为改良水稻株型、突破产量瓶颈、培育高产水稻品种
奠定了理论基础，并提供了重要的遗传资源

图 3-1-10 发现水稻理想株型基因 *IPA1*

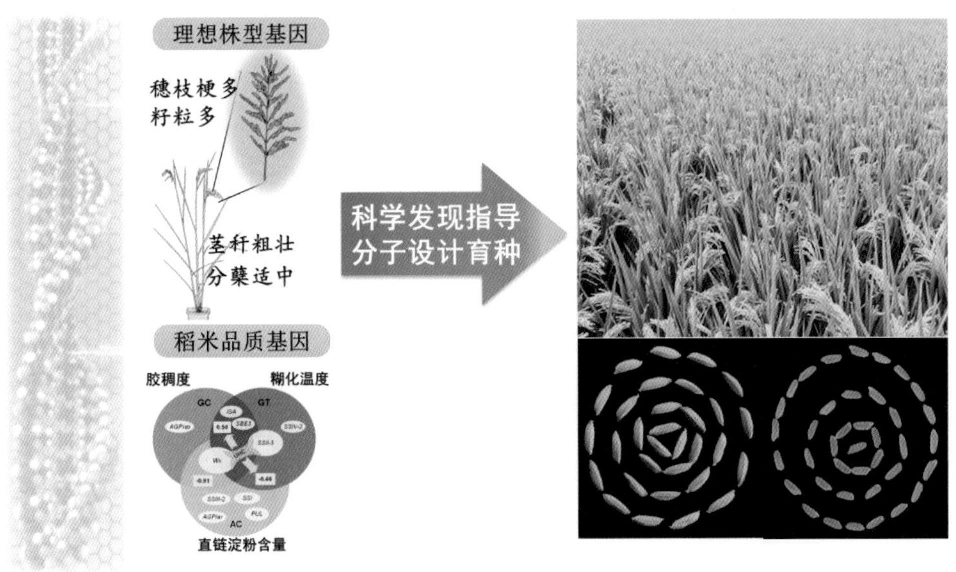

图 3-1-11　建立水稻分子设计育种技术新体系

陆地生态系统碳收支研究

陆地生态系统通过植被光合作用吸收大气中的 CO_2 是一种最经济可行和环境友好的减缓大气 CO_2 浓度升高的途径之一（图 3-1-12）。如何提高陆地生态系统的固碳能力，不仅是全球变化研究的前沿，也是国际社会广泛关注的焦点。

在国家自然科学基金（重点项目 31330012、创新研究群体项目 31621091）的资助下，2016—2020 年，北京大学方精云教授团队提出了新的概念模型和计算方法，发展了用多源数据评估土地利用变化对植被生长影响的理论框架体系。在此基础上，团队通过整合长期清查数据、地面校验调查、控制实验及遥感数据，结合生态模型，首次估算了中国主要生态系统全组分的碳储量及其变化，系统分析了我国陆地生态系统碳源汇大小及其机制，区分了不同因素对陆地碳汇的相对影响，评估了中国陆地生态系统碳汇对抵消工业源排放的贡献。

团队在陆地生态系统碳收支研究的理论、方法和应用方面均取得了突破性进展。发表 SCI 论文多篇，包括 4 篇 *Proceedings of the National Academy of Sciences of the United States of America* 及 3 篇 *Nature* 子刊，出版论著 1 部，向相关部门提交咨询报告 2 份。2018 年，方精云教授组织在 *Proceedings of the National Academy of Sciences of the United States of America* 上以"Climate Change, Policy, and Carbon Sequestration in China"为专题，发表了 7 篇系列论文，系统报道了中国碳循环研究成果。这是中国学术界首次在 *Proceedings of the National Academy of Sciences of the United States of America* 上组织出版专辑。2019 年，方精云教授荣获美国生态学会惠特克杰出生态学家奖，这是国内学者首次获此殊荣，并于 2020 年获北京市自然科学奖一等奖。

上述研究成果为我国实现 2060 年碳中和目标及相关气候变化和节能减排政策的制定提供了科学支撑，并有力提升了我国在国际气候变化谈判中的话语权。

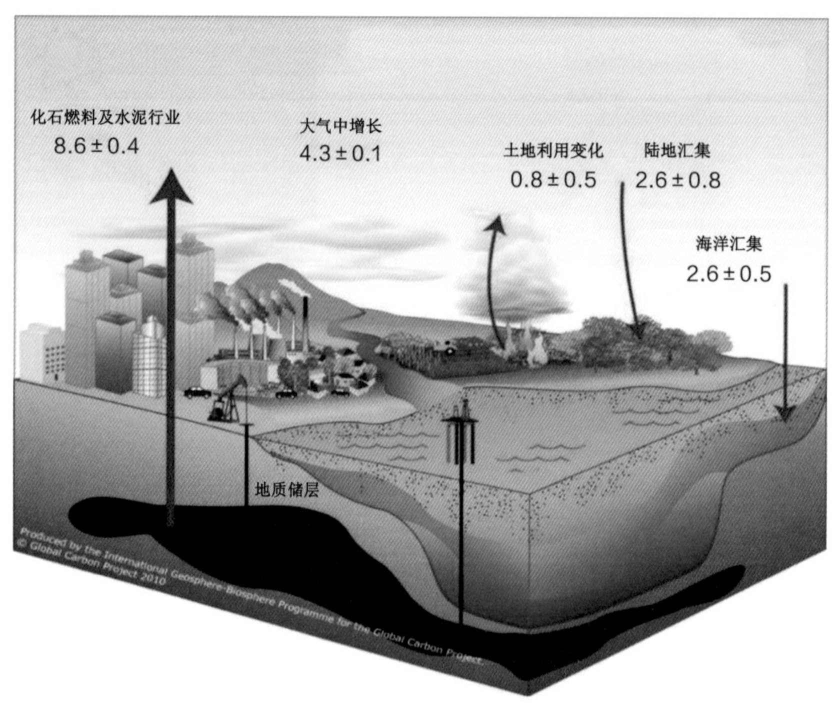

图 3-1-12　2003—2012 年全球碳循环模式

青藏高原及其东北缘晚新生代构造变形与形成过程

新生代以来，印度板块与欧亚大陆的碰撞及其楔入作用，在亚洲大陆内部形成了一系列规模巨大的活动断裂带，控制着强烈地震的发生，并对周边地区的地貌格局、环境演化和自然灾害产生重大影响。有关青藏高原晚新生代形成与演化的理论，不仅是国际大陆动力学研究的核心和前沿热点，也是研究中国大陆地震构造环境、生态环境演变和减轻自然灾害的重要内容。

在国家自然科学基金（国家杰出青年科学基金项目 49825104，重点项目 40234040、41033017）等资助下，中国地震局地质研究所张培震研究员团队持续开展青藏高原及其周边晚新生代构造变形与形成过程研究。通过对 GPS 观测资料分析，发现印度和欧亚板块相对运动速率的90%被青藏高原周边和内部的构造变形所吸收调整，同时获得不同构造带的现今构造变形样式和速率（图3-1-13）。研究发现，青藏高原东北缘的形成经历了5个阶段，其中晚新生代（10～12Ma）发生的准同期构造变形是最重要的地质事件，导致山脉隆升和盆地消亡，使其成为青藏高原最新的组成部分，最终奠定今日之地貌格局。青藏高原向北东方向扩展前缘已跨过河西走廊盆地，进入戈壁阿拉善地块内部。团队发现青藏高原晚中新世构造变形塑造的地形起伏，为后期气候变化导致侵蚀和沉积速率增加提供了地貌条件；提出冰期—间冰期全球气候大幅度波动导致2～4Ma间沉积速率突然增加，形成“磨拉石”建造（图3-1-14），作为“亮点”论文发表在*Nature*，被国内外学者广泛引用，极大地推动构造变形与气候变化相互作用研究领域的进展。

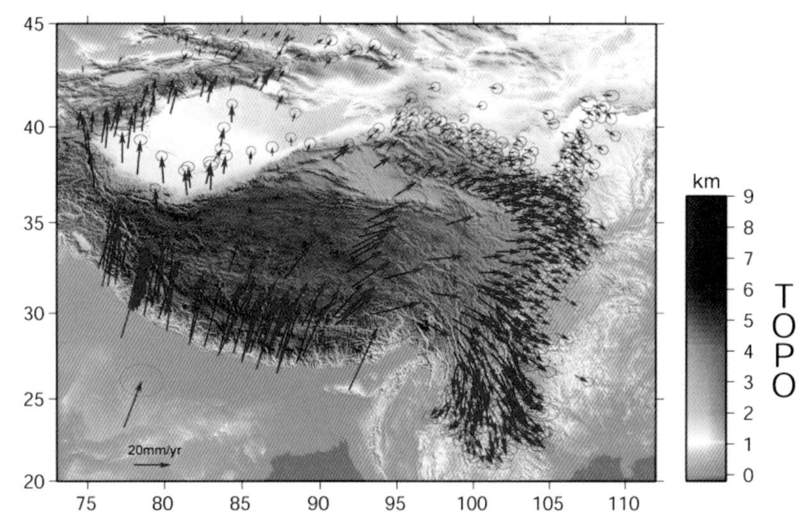

图3-1-13 GPS观测得到的青藏高原及周边相对于稳定欧亚大陆的地壳运动速度场

研究成果获2017年度国家自然科学奖二等奖，发表在*Nature*、*Geology*、*Earth and Planetary Science Letters*等期刊，相关理论成果成为研究中国大陆地震构造环境、生态环境演变和减轻自然灾害的重要基础，多次被用于指导国家重大工程的地震安全性评价。

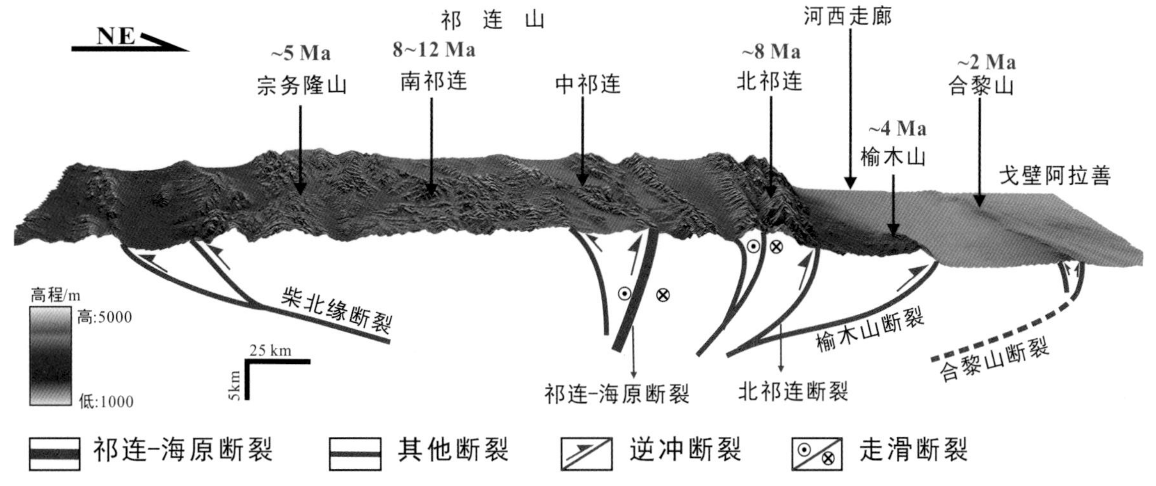

图3-1-14 青藏高原东北缘晚新生代构造演化与形成过程

地球辐射带“杀手电子”的产生和监测

地球磁层中存在大量能量大于 100keV 的“杀手电子”，其可击穿空间飞行器屏蔽层微观放电，严重威胁飞行器和航天员的安全。地球辐射带“杀手电子”的加速、传输与损失伴随着复杂的能量传输、转换与释放，其物理机制一直是空间物理和空间天气研究的核心问题。

北京大学宗秋刚教授团队在国家自然科学基金（创新研究群体项目 41421003、国家重大科研仪器研制项目 41627805）的资助下，围绕地球辐射带“杀手电子”的产生机制，系统发展了地球磁层超低频波与辐射带能量电子共振理论，并得到卫星观测的有力验证；突破阵列探测器及其控制关键技术，自主研制出具备国际领先水平的能量电子探测器；利用自主探测数据建立了“杀手电子”预报模式，并被纳入国家空间天气监测预警中心和北斗办的标准预报模式，实现了空间科学、空间技术和空间应用的三位一体全面发展。

成果形成论文多篇（含 9 篇封面文章），发表在 *Reviews of Modern Plasma Physics*、*Geophysical Research Letters*、*Astrophysical Journal*、《中国科学》等期刊；获批国家发明专利 8 项，自主研制的能量电子探测器已安装在四颗“北斗”卫星上，且将安装在风云系列气象卫星和“澳科一号”等平台上。宗秋刚教授获得了 2018 年国际空间研究委员会（COSPAR）维克拉姆·萨拉巴依金质奖章、2020 年国际日地物理委员会（SCOSTEP）杰出科学家奖（1 人 /2 年，首位华人获奖者）和 2020 年欧洲地球科学协会（EGU）汉尼斯·阿尔文奖章（首位华人获奖者）。

南海大陆边缘动力学：从陆缘破裂到海底扩张

南海是西太平洋边缘海的典型代表，位于太平洋板块构造域和印度洋板块构造域的结合部位，其四周被环形俯冲带所围限，是最大的陆缘海盆之一。相比其他大洋，南海规模小、年龄新，而且具有多变的陆缘类型和复杂的扩张过程。自然资源部第二海洋研究所丁巍伟研究员团队在国家自然科学基金（国家杰出青年科学基金项目 42025601，重大项目 91808214，面上项目 41676027、41376066）的资助下，对南海“生命史”，即陆缘如何破裂和洋盆如何扩张两个关键问题进行研究。

对南海陆缘张裂过程的研究表明，南海陆缘伸展作用在纵向上是不均匀的，伸展因子随深度发生变化，并受到大型拆离构造的控制，南海陆缘的拉张为非均一模型。陆缘破裂在横向上也存在差异，东侧深部更热，纵向差异性更大，破裂过程受到一期较为强烈的岩浆活动控制，而非北大西洋的贫岩浆型破裂（图 3-1-15）。

大陆的破裂最终导致海盆扩张，而海盆的扩张会在深部留下足迹。团队对南海东部次海盆深反射地震数据所揭示的深部结构进行研究，发现扩张脊北翼洋壳内部存在两组具有对倾的下地壳反射体（Lower Crustal Reflector，LCR），一组对倾的 LCR 对应一个洋中脊，说明扩张脊北翼存在两个残留的扩张脊。南海扩张脊由于周期性的地幔活动发生了两次向南跃迁，形成南海海盆北翼更宽，南翼更窄的不对称结构。这是首次从洋壳深部结构的角度发现扩张脊的多次跳跃、扩张方向的多次变化现象，对南海洋壳在不连续 - 非对称扩张过程中的增生

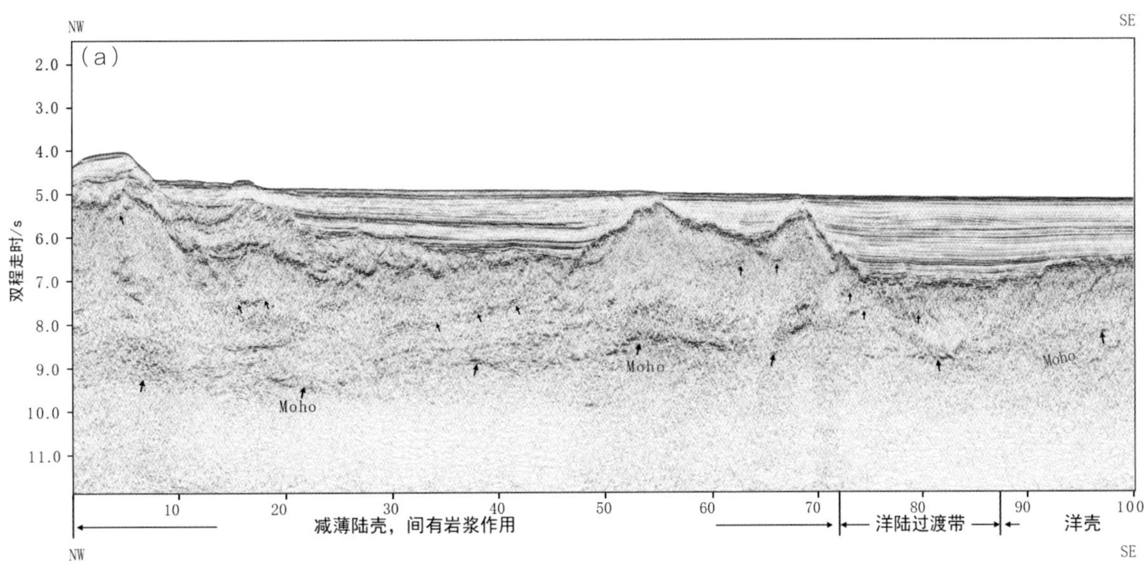

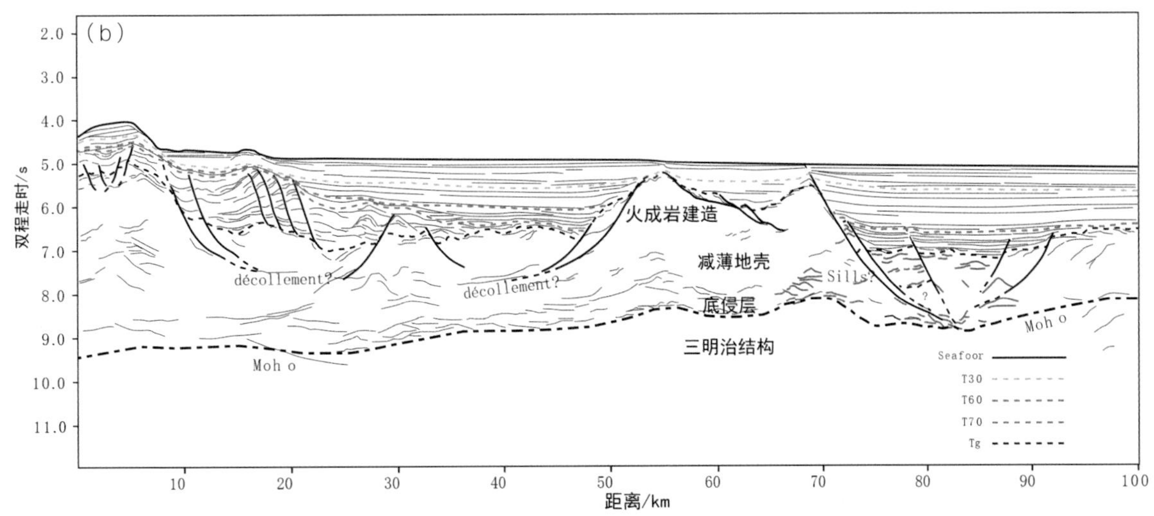

图 3-1-15 （a）南海北部陆缘洋陆过渡带区原始地震剖面；（b）地质解释

机制以及扩张结束后残留扩张脊南北翼构造－岩浆活动的巨大差异的机制进行了较好的理论解释。

相关成果揭示南海“大陆破裂不均一，扩张过程非对称”的动力学模式，为传统基于超级大陆裂解的板块构造理论增添新科学内涵，为南海油气勘探和岛礁开发提供科技支撑。多篇论文发表在 *Earth and Planetary Science Letters*、*Earth-Science Reviews* 等期刊，其中 2 篇被评为 ESI 高被引论文，成果获 2020 年度广东省自然科学奖一等奖。

超高温陶瓷复合材料的强韧化与抗氧化协同

哈尔滨工业大学张幸红教授、韩杰才教授等在国家自然科学基金（重点项目 52032003、国家杰出青年科学基金项目 51525201、面上项目 51872059、青年科学基金项目 52102093）的资助下，在超高温陶瓷复合材料的设计、制备、性能表征与科学评价等方面取得了重要突破。

以第Ⅳ、Ⅴ过渡族元素硼化物和碳化物为代表的超高温陶瓷复合材料由于具有极高的熔点（>3 000℃）和优异的抗氧化烧蚀性能，能够在 2 000℃以上氧化环境中长时间维持非烧蚀和结构完整，是高速飞行器鼻锥、前缘、超燃冲压发动机燃烧室以及火箭发动机喷管 / 喉衬等关键热结构的重要或首要候选材料。超高温陶瓷复合材料的探索不仅涉及一系列重要科学问题，还关系到发展高速飞行器“国之重器”的战略需求，也是数十年来世界主要发达国家持续关注但未取得突破的领域。研究团队在国内较早开展了超高温陶瓷复合材料研究，揭示了高温氧化烧蚀机理和失效判据，填补了我国超高温非烧蚀型防热材料体系空白，指导了用于极端环境下的热防护材料设计。提出了超高温陶瓷与碳纤维“双连续”结构设计思想以及碳纤维增韧超高温陶瓷复合材料的全新制备方法，实现了超高温陶瓷粉体和碳纤维的高效复合，并将烧结温度从 2 000℃大幅降低到 1 300℃，从根本上解决了本征脆性这一核心科学问题，断裂韧性从 3 ～ 5 MPa·$m^{1/2}$ 提高到 15 MPa·$m^{1/2}$ 以上，同时断裂应变和断裂功得到量级提升，在 1 600 ～ 2 500 ℃超高温强氧化环境下表现为近零烧蚀，突破了强韧化与抗氧化协同技术瓶颈（图 3-1-16）。

截至 2021 年，团队在超高温陶瓷复合材料领域发表的 SCI 论文篇数居国际第 1 位，他引次数居国际第 2 位，申请发明专利 20 余项。在基础研究领域获得了国际上的显著关注，有力提升了我国在材料及力学学科基础前沿研究领域的国际地位，美国国家航空航天局（NASA）

的艾姆斯中心热防护首席科学家约翰逊（Johnson）、莱特－帕特森空军基地实验室主任鲁施霍夫（Rueschhoff）、欧洲陶瓷学会主席宾纳（Binner）、张立同教授、方岱宁教授等国内外著名学者都做出高度评价。同时，在国际上率先实现了超高温陶瓷复合材料的工程化应用，解决了先进空天飞行器关键热端部件的按需设计和快速低成本制备难题。

2021 年 4 月，自主研制的全尺寸尖锐机身前缘作为某高速飞行器核心防热结构件助力"国之重器"圆满完成了高速飞行演示验证，突破了高温高动压氧化环境条件下长时非烧蚀技术瓶颈，相比传统防热材料减重 70% 以上，飞行器多项核心指标取得国际领先，是我国高速飞行器技术的又一里程碑式进展。其他多个战略型号飞行器核心防热部件的应用也在同步开展，为我国多个国家重大计划的立项及实施提供了重要支撑。部分成果入选 2020 年度中国高等学校十大科技进展。

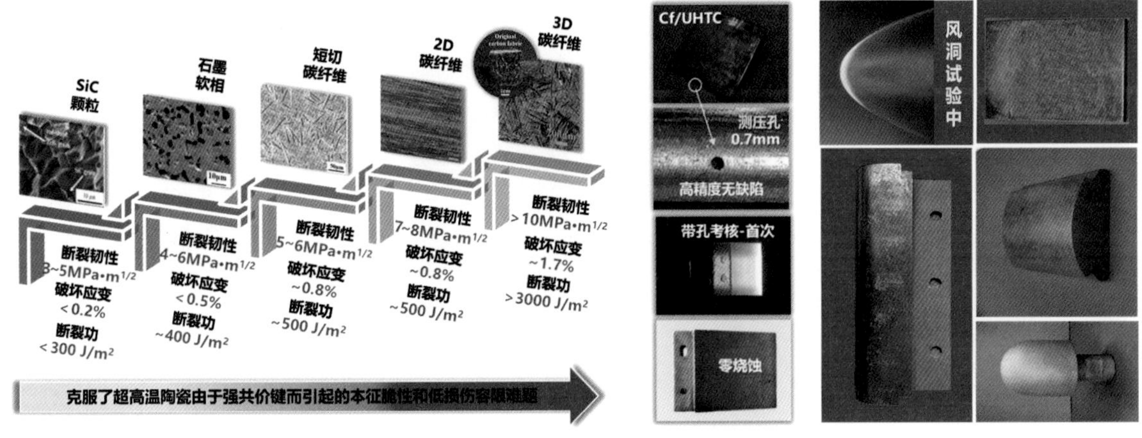

图 3-1-16 从根本上解决了本征脆性核心科学问题，突破了强韧化与抗氧化协同技术瓶颈，在国际上率先实现该类材料的工程化应用

超滑新理论与实现方法

清华大学雒建斌教授等在国家自然科学基金（国家重大科研仪器研制项目 51527901、重点项目 51335005）的资助下，在理论上首次揭示了多粗糙峰多晶接触固体超滑及基于双电层、氢键和流体效应的液体超滑机制；在技术上首次实现了二维异质界面超滑等，解决了环境敏感性和可持续稳定超滑难题，摩擦系数低至 0.0001 级；首次提出多价离子水合润滑、固液耦合超滑技术，解决了高承载与低剪切的矛盾，接触压力达 1.2 GPa（图 3-1-17）。

所实现的关键技术指标与美国、日本等国家相比处于并跑甚至领先地位，承载压力、速度范围、体系种类几项指标均在国际上处于领先地位。具体来说，在液体超滑方面，以色列威兹曼科学院正在开展基于水合效应的盐溶液和生物超滑研究，日本东北大学开展了基于摩擦化学反应的陶瓷水溶液超滑，而清华大学团队在酸基、水合离子、油基、固液耦合等多种体系下以及高接触压力下实现了稳定的液体超滑，在国际上处于领先地位。在固体超滑方面，美国阿贡国家实验室、法国里昂中央理工学院等较早在实验室特殊工况下实现了超滑，清华大学团队近年来在高接触应力、宽温域、环境气氛不敏感固体超滑以及二维材料超滑等研究方面取得了一系列重要进展。

研究工作在 *Nature Communications* 等期刊上发表论文，并获陈嘉庚技术科学奖、腾讯基金科学探索奖。基础研究为超滑应用奠定基础，针对 JS 装备、高铁齿轮箱等关键运动副和运动部件，开发超滑技术，对装备长寿命、低能耗、低噪声、可靠性提升具有重要潜在价值。

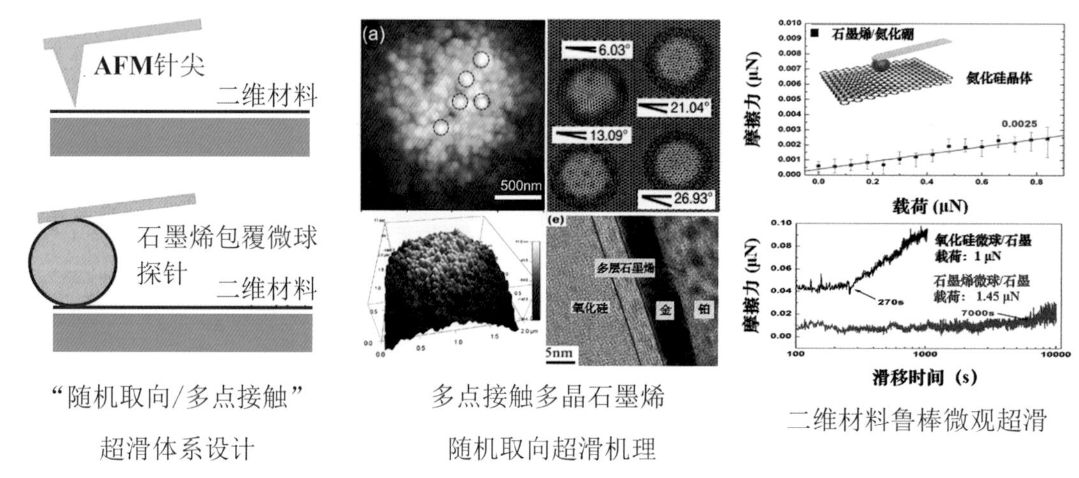

图 3-1-17 “随机取向 / 多点接触”鲁棒性微观超滑设计及石墨烯包覆微球探针制备

大型燃煤发电机组节能诊断理论与能效评价方法研究

我国已形成以大容量、高参数燃煤火力发电机组为主体的电力能源结构，对煤炭等化石能源的清洁高效利用和节能减排战略实施具有重要意义。但大型燃煤发电机组的深度节能面临煤质多变、负荷多变、环境条件复杂、排放标准日趋严格等挑战，衍生出众多科学技术问题，为燃煤机组的节能诊断与能效评价提出了新的重大需求。

华北电力大学杨勇平教授等在国家自然科学基金（联合基金项目 U1261210、国家杰出青年科学基金项目 51025624）的资助下，围绕多变环境和多变负荷条件下，大型燃煤发电机组的节能诊断与能效评价基础理论方法和工程实践开展研究，取得了重要成果。

杨勇平教授等在大型燃煤发电机组广义能效评价方面，综合考虑机组能耗、水耗和排放指标，开展机组的广义能耗评价，建立了反映能量数量和品位利用情况的热力学完善程度多目标评价指标和评价方法；在机组节能诊断理论方法方面，基于改进的单耗分析方法，确定了不同运行边界和运行工况下，燃煤机组在系统、过程、设备不同层面上的能耗分布规律和主要设备的瞬态工况特性；将研究成果应用于指导大型燃煤发电机组余热梯级利用（图 3-1-18），提出了“绿色热指数”概念，发展出大型燃煤机组高效供热新模式。

在此基础上，面向大型燃煤机组高效清洁协同需求，突破传统能耗分析和诊断中普遍采用的单一参数基准值方法，提出复杂多变边界全工况“能耗基准状态”，进一步发展基于能耗时空分布和大数据分析的节能诊断理论和方法；打破常规单元划分界限，提出了机炉深度耦合热集成技术，在大温区、多工质间实现深层次能量梯级利用；针对燃煤机组在复杂煤种和多变负荷下的高效清洁运行，发展了宽温域、低能耗选择性催化还原（SCR）脱硝技术，基于锅炉烟气流场组织和余热利用，进行低能耗 SCR 脱硝工程系统集成，实现了机组污染物脱除与能效的协同优化。

研究成果围绕燃煤发电系统能源高效清洁利用、热电联产能量梯级利用与高效灵活供热以及大型燃煤发电机组的高效、清洁协同运行等领域的关键科学问题开展理论研究，并应用于指导工程实践，为我国燃煤发电的深层次节能奠定了坚实的科学理论基础。相关研究成果荣获国家科技进步奖二等奖 1 项、省部级科学技术奖一等奖 2 项。研究成果应用于我国多种类型燃煤发电机组的工程实践，在燃煤机组灵活调峰、机炉流程耦合设计、大型供热机组节能和燃煤机组低能耗污染物减排等方面，形成的直接经济效益逾 20 亿元。

图 3-1-18　基于绿色供热的大容量火电机组余热梯级利用系统

主动网络安全技术

以防火墙、病毒查杀为主要手段的传统被动网络防御技术在应对高级持续性攻击（APT）方面具有明显的滞后性，以人工智能（AI）技术支撑的漏洞主动发掘、样本深度分析、关联追踪溯源为主的主动网络安全技术正成为全球研究的热点。但我国现有的主动网络安全技术过度依赖人工的单项技术研究应用，缺乏系统化、智能化的体系架构与关键技术，难以形成可持续的规模化防御能力，因此，国家重要基础设施、国家重要会议活动的网络安全面临重大威胁。

基于主动网络安全体系（SAP），电子科技大学张小松教授团队在国家自然科学基金（面上项目 61572115、青年科学基金项目 61402080）等资助下，主导研发出一系列异构系统漏洞自动化发掘、恶意攻击行为深度检测、网络攻击路径追踪溯源等工具平台，在应用中发挥了不可替代的作用，取得了重大业绩，并牵头获得 2019 年度国家科学技术进步奖一等奖在内的一系列奖项。

张小松教授团队结合国家战略需求，创新地提出了 SAP：威胁主动感知（threat sensing actively）、行为深度分析（behavior analyzing deeply）和路径画像还原（route restore by portraying）。该体系通过智能化的异构环境脆弱性主动发现技术探测系统弱点、利用多域协同检测机制深度分析网络恶意入侵行为、应用网络指纹探测和关联实现网络入侵痕迹的画像还原，从而形成从感知到分析、从分析到定位的系统化网络安全主动防御能力（图 3-1-19）。

团队在承担的国家关键基础设施网络安全保障任务中，完成了 6 500 余次应急检测和加固任务，在承担的“金砖国家会议”等信息系统网络安全保障等重大工程中，发现并成功防止了来自 41 个国家约 3 000 万次意图窃取公民信息和财务数据的攻击以及软件缺陷导致的拒绝服务攻击等威胁和风险，确保了国家重大会议与活动的成功举行。

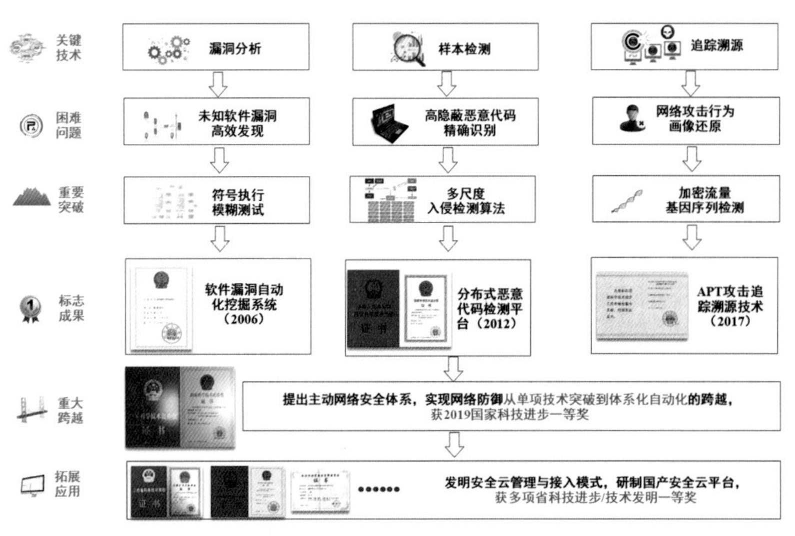

图 3-1-19　主动网络安全体系 SAP 创新研究与实践

面向深空探测任务的无人系统自主运行关键技术研究

2020 年 12 月 17 日，随着“嫦娥五号”返回器携带 1 731 克月壤返抵地球，我国历经 16 年圆满完成了探月工程“绕、落、回”三步走战略目标，也拉开了后续深空探测的新篇章。深空探测任务具有探测目标远、飞行时间长、环境变化大等特点，“地面测控站—航天器”大回路运行操作模式在实时性、安全性和可靠性等方面已无法满足任务需求，而自主运行技术是解决这些问题的有效手段，已成为未来深空探测发展的一个重要方向。

在国家自然科学基金（国家杰出青年科学基金项目 61525301）的资助下，北京空间飞行器总体设计部王大轶研究员团队针对深空探测任务，解决了“自主化”的根本需求，长期致力于突破自主运行中两大核心难点（自主导航和自主诊断重构）的研究工作，取得了系统创新性成果。团队针对航天器这一类资源严重受限、不易在轨维修的空间系统，以系统观测、诊断和重构能力的定性判定和定量表达为突破口，提出了基于可观测性理论的自主导航方法和基于可诊断性与可重构性理论的自主诊断重构方法。

研究成果发表在 *IEEE Transactions on Aerospace and Electronic Systems*、*IEEE Transactions on Cybemetics* 等期刊，并形成相关著作。相关理论方法已成功应用于着陆月球正面的“嫦娥三号”（2013 年）和“嫦娥五号”（2020 年）（图 3-1-20）以及人类无人探测器首次着陆月球背面的“嫦娥四号”（2019 年），为“嫦娥工程”和“北斗三号”等国家重大任务的圆满完成做出了贡献。

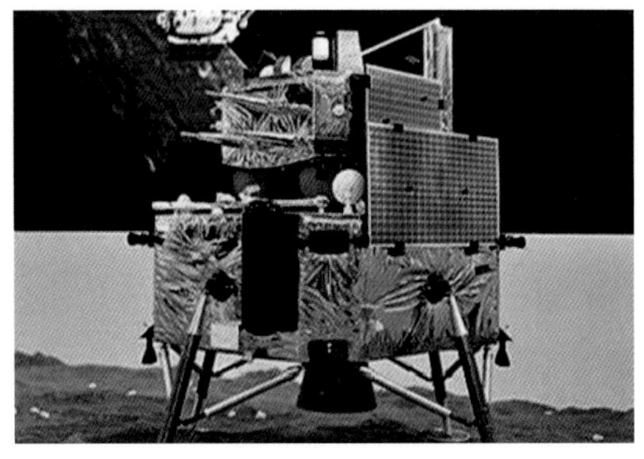

图 3-1-20　2020 年 12 月 24 日嫦娥五号月壤采样返回

锑化物半导体中红外激光器

中红外波段（波长为 2 ～ 5μm）激光是大气的低损耗、弱湍流和弱背景噪声窗口，且集中了大量分子的吸收线，在空间通信、工业加工和气体监测等领域有着重要应用。Ⅰ、Ⅱ型量子阱结构的锑化物半导体在中红外波段呈现出优异的发光效率，其制备技术日趋成熟，已成为研制高性能半导体中红外激光器的理想材料体系。近年来，锑化物半导体中红外激光器技术发展势头迅猛，在红外光电装备、激光制造、环境监测、医疗仪器和量子通信等诸多领域发挥重要的作用，迅速成为应对国外实施垄断和封锁的关键核心技术。

在国家自然科学基金（重大项目 61790580）的资助下，中国科学院半导体研究所牛智川研究员团队开展了锑化物低维结构中红外激光器基础理论和关键技术的研究，取得的主要成果如下。

（1）针对锑化物量子阱 AlGaAsSb 势垒层中多元素结构外延生长组份精确控制难题，提出 AlSb/AlAs/AlSb/GaSb 短周期超晶格数字合金结构，利用超晶格层微带势垒增强了对空穴载流子的限制，有效抑制了量子阱空穴载流子热泄漏，提升了室温下激子发光效率，率先突破 2μm 波长大功率激光器的室温连续发光，实现了单管室温连续输出功率 1.62W 的高功率。

（a）

（b）

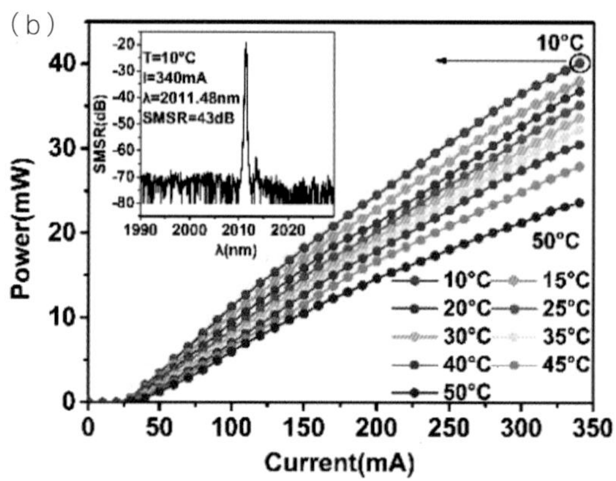

图 3-1-21 （a）单模激光器光栅结构；（b）激光器输出特性

（2）提出了基于侧向耦合效应的金属光栅新结构，突破了传统单模激光器输出功率过低的难题，实现了 2μm 波段具有超高边模抑制比的单模高功率连续输出（图 3-1-21）。该激光器在室温下连续输出功率达到最大值 40mW 时，边模抑制比大于 40dB，是目前该类锑化物单模激光器的国际最优性能。

航空公司大规模不正常航班智能恢复关键技术及应用

民用航空运输的时效性是其重要竞争力。然而，不正常航班导致的航班延误、取消长期困扰全球航司。我国航空公司主要采用手工方式恢复不正常航班运行，其速度慢、效果差、成本高。此外，相关核心技术长期被欧美供应商垄断，产品昂贵，且不能切实契合中国民航特点。

同济大学梁哲教授团队在国家自然科学基金（国家杰出青年科学基金项目 7182500）的资助下，针对该问题要素复杂、不确定性高、规模巨大等难点，融合运筹优化与机器学习等科技创新手段，取得了以下成果（图 3-1-22）。

（1）提出基于航司航班网络的延误传播计算和预估技术，实现了直接延误与连锁延误的精准识别与提前预警，有助降低航班延误风险。

（2）基于历史航班恢复案例大数据，构建不正常航班场景的运行调整规则库，提出了自适应航班恢复规则的机器学习模型和参数自动更新算法，实现了航班调整规则的自适应匹配。

（3）提出航空公司航班多资源一体化恢复模型和算法，实现了对航司的航班、机组、机务、旅客等多种核心资源的一体化智能整合、智能恢复和高效统筹，大幅度提升了航班恢复的效率和效果。

团队自主研发的不正常航班智能恢复算法和系统实现了不正常航班的精准预测、智能恢复、自主优化的“恢复前-恢复中-恢复后”的全流程自动优化，形成了适合我国民航智慧运营的技术方案。研究成果发表于 *Transportation Research Part B*、*INFORMS Journal on Computing* 等，申请专利 3 项、软件著作权 11 项。该技术打破国外技术垄断，并获得国资委正面评价。

科研成果已经推广至厦门航空、四川航空、吉祥航空、顺丰航空、山东航空等企业，转化落地后产生了一定经济效益与社会效益。以厦门航空为例，2019—2020 年，借助该技术共调整航班 39 万余班次，其中减少航班取消 370 个，增加收入 5 550 万元；减少延误 7 700 小时，折合成本 2 772 万元；节省人工 100 人 / 年，折合成本 3 000 万元，总计增收节支 1.1322 亿元。大规模不正常航班恢复用时从原来最长的 20 小时，缩短至 30 分钟内，极大地提升了旅客服务质量。

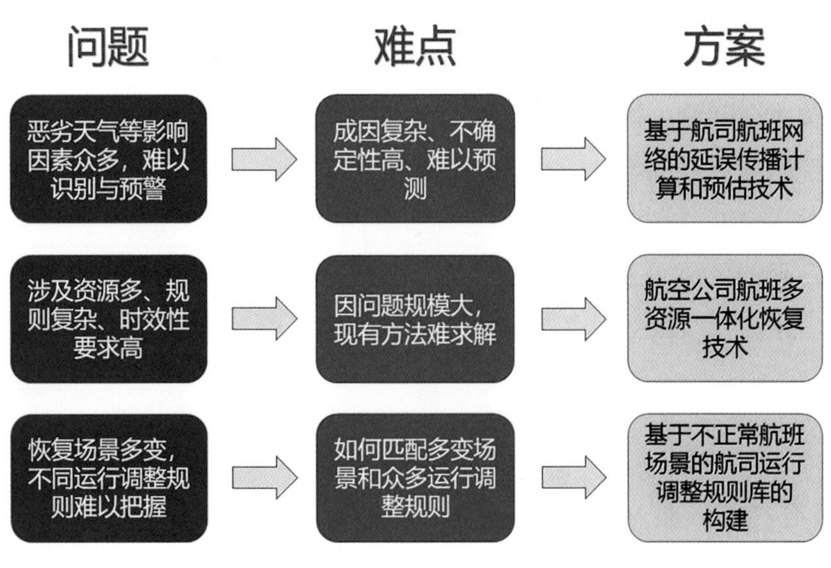

图 3-1-22 研究内容

制造系统的生产、物流、能源调度

为提升我国工业系统优化管理水平，东北大学唐立新教授团队在国家自然科学基金 [创新研究群体项目 71321001、71621061，重点项目 71032004，国际（地区）合作研究项目 71520107004] 的资助下，以钢铁制造工程的制造系统，原料、半成品、成品等物流系统和典型流程工业能源系统为背景，提炼出一系列计划调度问题，从调度和建模理论、解析和优化方法、调度智能技术、系统平台及工程应用转化四个互为支撑的方面进行了系统研究（图 3-1-23）。主要研究成果如下。

（1）调度和建模理论方面，针对钢铁等流程工业面临的关键共性管理难题，提出了批调度理论，揭示了批调度与设备利用率、能源消耗、产品质量之间的关系；提出了数据解析与优化融合的核心理论，建立了集装包与连续时间、基于时空网络与图、改进广义析取规划等批调度模型，为实现复杂流程工业的系统优化管理提供了科学依据。

（2）解析和优化方法方面，设计了个体自适应差分进化算法、新型混合多目标进化算法、增量式动态差分进化算法等解析和智能优化方法；提出了行－列生成混合精确算法、带有高密度 Pareto Cut 的改进 Benders 分解算法、带有并行线性和二次曲线 Cut 的 OA 算法等整数最优化算法，为实现系统优化管理提供了有效方法。

（3）调度技术方面，基于提出的理论方法，研发了炼钢－连铸工序批量计划与调度、热轧板坯匹配与调度、冷轧产线生产调度等生产批调度技术，原料、半成品、成品等物流调度技术，煤气、氧气、蒸汽等能源调度技术，解决了长期困扰钢铁生产实际的关键技术难题。

（4）工程应用方面，将所提出的理论、解析和优化方法、调度技术在制造、物流、能源系统的运作管理中进行应用研究，开发了多个具有我国自主知识产权的决策支持系统，已成功应用于宝钢、鞍钢、首钢等多家大型钢铁企业。

图 3-1-23　制造系统的生产物流能源调度

基础研究方面，唐立新教授团队在 *Operations*

Research、*Manufacturing & Service Operations Management*、*INFORMS Journal on Computing*、*IISE Transactions*、*Naval Research Logistics*、*IEEE Transactions on Evolutionary Computation*、*IEEE Transactions on Cybernetics* 等期刊发表论文多篇，其中，发表在 *IISE Transactions* 的论文获 2017 年度设计与制造领域的“最佳应用论文奖”（Best Applications Paper Award）；技术创新方面，获授权美国发明专利 2 项，授权国家发明专利 17 项，获国家技术发明奖二等奖；工程应用方面，获系统科学与系统工程科学技术奖应用奖。

国产数学规划求解器的理论与实践

数学规划是运筹学和管理科学的基础方法之一，是国计民生多个领域，如交通与物流、供应链管理、智能制造、量化投资等最重要的建模与求解方法。数学规划求解器是模型求解的基本软件，我国对此的研究长期处于空白，商业应用领域一直被美国的格如比（GUROBI）、西普莱斯（CPLEX）等垄断。

在国家自然科学基金（专项项目 72150001、重点项目 11831002）的资助下，上海财经大学葛冬冬教授团队在求解器的算法理论、软件实现与应用领域进行了长期探索，2017 年 9 月发布了中国第一个开源数学规划求解器 LEAVES，实现了对线性规划问题和某些二次规划 / 凸规划问题的内点法稳定求解。

发布叶求解器（LEAVES）之后，团队与杉数科技积极合作，着手开发超大规模优化问题的工业级别求解器。2019 年 5 月在世界权威性的、亦是唯一公测平台“优化软件决策树（Decision Tree for Optimization Software）”上发布了国产优化求解器杉数求解器（COPT）。发布至今，在多次与国内外商业求解器的激烈竞争中，在线性规划的单纯形法、内点法、大规模网络问题上均保持世界前二（图 3-1-24）。

图 3-1-24 数学规划在多个领域的应用场景

研究成果发表在*Operations Research*、*Mathematical Programming*、*Neur IPS*、*ICML*等期刊与会议，并广泛应用于国家电网、中国邮政、南方航空、京东、顺丰、华为、小米、百威、好丽友、卡西欧等企业。与京东物流合作的无人仓调度算法项目于 2021 年入围美国运筹与管理学会（INFORMS）的弗兰兹·厄德曼（Franz Edelman）工业大奖决赛。

面向重大需求的新型疫苗设计策略

在国家自然科学基金（重大项目 81991490、81991491、81991494）的资助下，厦门大学夏宁邵教授团队开展了重组蛋白疫苗和鼻喷流感载体疫苗研究。取得的代表性成果如下。

（1）基于 RBD 特殊二聚体构象的 β 冠状病毒疫苗通用策略。团队提出了一种通用的 β 冠状病毒抗原设计理念。团队基于 β 冠状病毒受体结合区（RBD）进行结构设计，获得的 RBD 二聚体抗原，其免疫原性较传统的 RBD 单体显著提高，且提供良好保护效果（*Cell*，2020）。基于此，与智飞生物合作开发的新冠疫苗，先后获批在乌兹别克斯坦和国内紧急使用，是全球首个获批使用的新冠重组蛋白疫苗。

（2）基于减毒流感病毒载体的鼻喷新冠肺炎疫苗（图 3-1-25）。鼻喷流感病毒载体新冠肺炎疫苗是一种携带新冠病毒棘突蛋白基因 RBD 片段的温度敏感复制型活病毒载体疫苗。该疫苗由厦门大学、香港大学和万泰生物合作研发，Ⅰ期和Ⅱ期临床试验显示具有良好的安全性及以细胞免疫为主的免疫应答和部分黏膜 IgA 抗体 / 外周血 IgG 抗体应答。该疫苗的突出特点是一剂次接种 24 小时后即可提供有效保护，在局部疫情早期进行应急环形接种以快速建立免疫屏障、扼制疫情扩散上具有现有其他疫苗不可替代的优势。

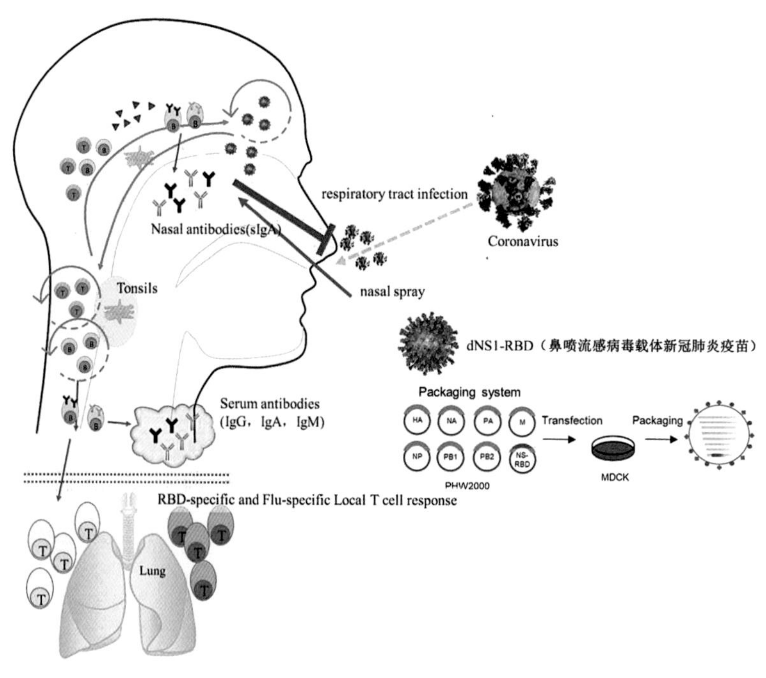

图 3-1-25　鼻喷流感病毒载体新冠肺炎疫苗作用机制

（3）基于杂合组装策略的泛基因型 HPV 广谱疫苗（图 3-1-26）。为了突破超高价次 HPV 疫苗的瓶颈，团队通过三型嵌合颗粒技术设计了由 7 种颗粒预防 20 种 HPV 型别感染的疫苗，被誉为“敲开第三代宫颈癌疫苗研制大门”。团队提出新一代设计理念，通过杂合组装策略将 9 种 L1 五聚体装配至单颗粒中，在小鼠中能免疫出与已上市的 HPV 九价苗相当滴度的高中和抗体，目前已申请相关发明专利 34 项，获授权专利 21 项，国际授权 11 项。

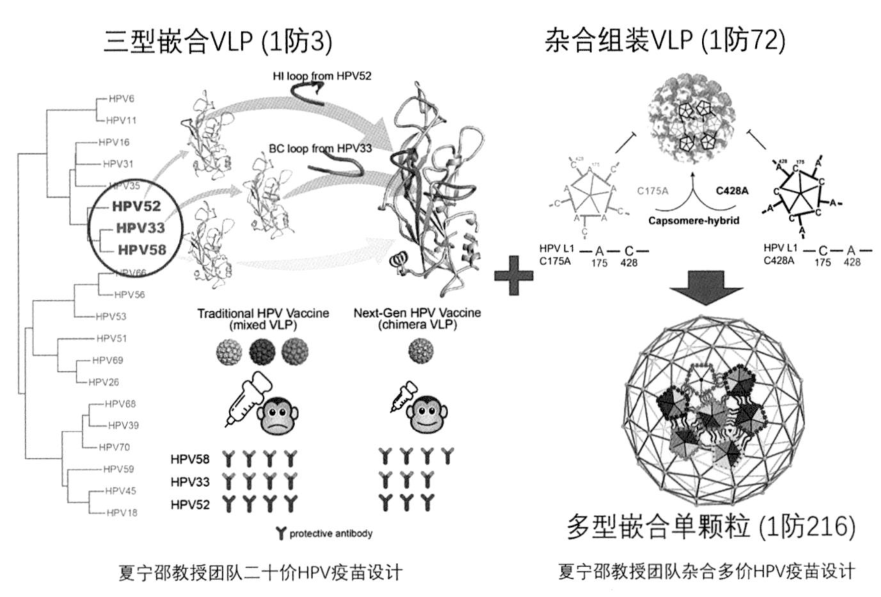

图 3-1-26　新型多价 HPV 疫苗的设计策略

通过可注射、自供能的视网膜特异性结合的“纳米天线”实现哺乳动物近红外成像视觉

自然界中电磁波波谱范围很广，人类能够感知的可见光只占其中很小部分，这是由视网膜感光细胞中的感光蛋白所固有的物理化学特性所决定的。波长 > 700nm 的红外光子能量较低，感光蛋白必须降低吸收能量阈值才能感知红外光子，从而会产生大量的热力学噪声，干扰正常视觉。因此，在生物进化历程中没有出现任何感光蛋白能够感知红外光，更无法在大脑中形成红外光图像视觉。

为打破感知物理极限并发展裸眼无源红外视觉拓展技术，在国家自然科学基金（重大项目 81790644、优秀青年科学基金项目 31322024、面上项目 81371066、重大研究计划项目 91432104）的资助下，中国科学技术大学薛天教授团队与美国马萨诸塞州州立大学的研究团队合作改造上转换纳米材料，使其同感光细胞特异结合并均匀分布于视网膜感光细胞外段，利用其能将吸收的长波光子（红外线）转化为短波光子（可见光）的特性，通过体外、体内各种视觉生理学方法验证了其可以吸收红外线并有效激活视觉神经系统（图 3-1-27）。进一步的多种视觉认知行为学实验证明其可以有效赋予小鼠精细近红外图像视觉，且这种近红外视觉能力与可见光常规视觉完全兼容（图 3-1-28）。该研究工作首次在哺乳动物中实现裸眼红外光感知和红外视觉能力，通过调整材料吸收和发射光谱可应用于感光光谱范围缺陷的色盲疾病治疗，感光细胞外段的靶向锚定技术也可为定点药物递送提供新手段。这项成果于 2019 年发表在 *Cell*。论文被选为该期版本唯一科普视频介绍，同时被期刊选为“News release”重点推广。工作得到了领域内的广泛认可，*Nature*、*Science*、*Nature photonics*、*Scientific American* 等期刊也对这一工作做了长篇新闻报道；研究成果入选 2019 年中国生命科学十大进展和 2019 年 *Cell* 期刊年度最佳论文。美国国立卫生研究院院长、美国科学院与医学科学院双院士科林斯（Collins）高度赞扬了这一研究工作。

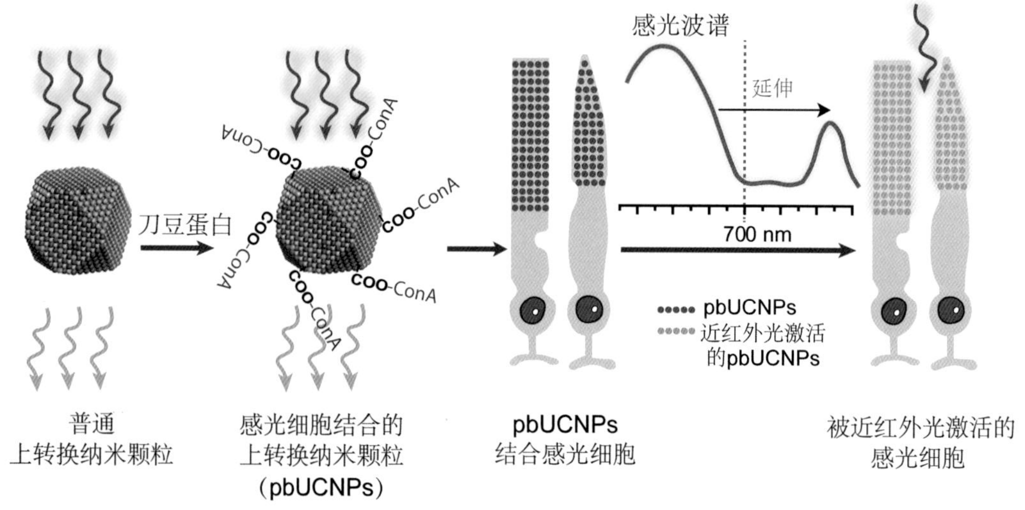

图 3-1-27　创新的上转换纳米颗粒修饰技术及其在视网膜的功能实现

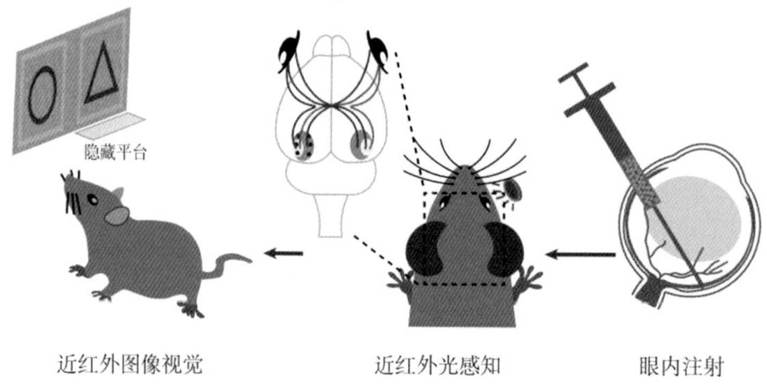

图 3-1-28　从不同水平证明注射小鼠获得红外图像视觉

国产热稳定型 mRNA 疫苗进入临床研究阶段

信使核糖核酸（mRNA）疫苗是一种全新的疫苗形式，通过特定的递送系统将表达抗原靶标的 mRNA 导入体内，在体内表达出蛋白并刺激机体产生特异性免疫学反应，从而使机体获得免疫保护。与传统疫苗形式不同，mRNA 疫苗将人体内的细胞转变为目的抗原的加工厂，改变了疫苗的作用路径，具有安全性高、通用性强等优点，被广泛认为是代表未来的颠覆性技术。

中国人民解放军军事科学院军事医学研究院秦成峰研究员团队在国家自然科学基金（国家杰出青年科学基金项目 81925025、专项项目 82041044）的资助下，研发出具有自主知识产权的新型冠状病毒 mRNA 疫苗，成为我国首个进入临床研究阶段的 mRNA 疫苗。更重要的是，该国产 mRNA 疫苗无须超低温保存，稳定性显著优于国外同类产品，尤其适合发展中国家推广使用。

国产新冠病毒 mRNA 疫苗选择高度保守的受体结合域（RBD）作为靶抗原（图 3-1-29），显著区别于国外 mRNA 疫苗，在保证有效抗体产生的同时还切实降低潜在的安全性风险，另外，该疫苗利用脂质纳米颗粒技术，提高了疫苗的热稳定性。两针次免疫该疫苗后可迅速诱导机体产生高效的体液和细胞免疫反应，对携带不同突变的新冠病毒变异株均具有较好的保护作用。

目前，该疫苗正在墨西哥等地开展Ⅲ期临床试验。研究论文于 2020 年 7 月 23 日在线发表在 *Cell*，受到国内外学者及媒体的广泛关注。利用同样的技术路线，秦成峰研究员团队正在开发其他病毒性传染病的 mRNA 疫苗。鉴于在疫情防控中的贡献，该研究团队被授予“全国抗击新冠肺炎疫情先进集体”。

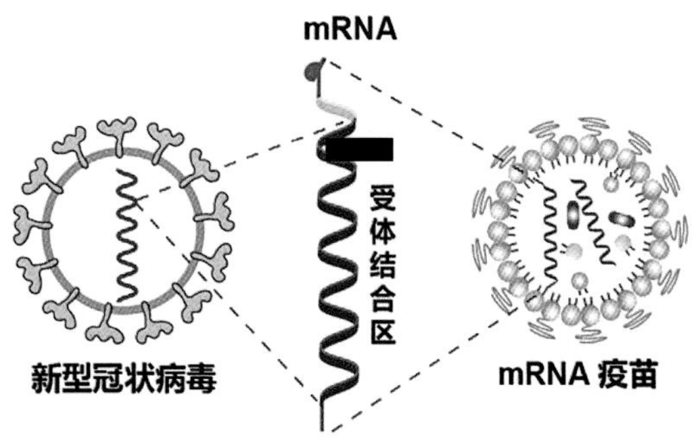

图 3-1-29　新冠病毒与国产 mRNA 疫苗分子结构

二、2021 年度优秀成果巡礼

Gromov-Hausdorff 极限空间及其应用

在国家自然科学基金（青年科学基金项目 11701507、面上项目 12071425）的资助下，浙江大学江文帅教授系统地研究黎曼流形的格罗莫夫－豪斯多夫（Gromov-Hausdorff）极限空间并取得重大进展。

1981 年，著名数学家 Gromov 引进了 Gromov-Hausdorff 距离（GH- 距离）这一重要工具来研究流形的几何与拓扑性质。随后奇格（Cheeger）、科尔丁（Colding）、Gromov、佩雷尔曼（Perelman）（菲尔兹奖获得者）、田刚等数学家利用 GH- 距离深入研究黎曼流形的极限空间，并取得了一系列系统性成果（图 3-2-1）。这些极限空间的研究成果在著名的庞加莱猜想和丘－田－唐纳森（Yau-Tian-Donaldson）猜想的解决中都起到了至关重要的作用。基于极限空间理论的重大理论应用价值，Gromov-Hausdorff 极限空间的研究引起了国际数学界的广泛关注。

爱因斯坦流形与非负里奇（Ricci）曲率流形是几何领域的重要研究对象。一方面，爱因斯坦流形由于具有好的光滑性，它的极限空间得到了较好的研究，但是极限空间的奇异集的结构性问题仍是一个重要难题；另一方面，非负 Ricci 曲率流形由于缺少光滑性，研究更加困难，它的极限空间在 1997 年 Cheeger-Colding 的工作后缺少进一步的发展。

通过发展新的高余维奇异分析方法，江文帅与他人合作，证明了非塌缩爱因斯坦流形的极限空间的奇异集具有可求长结构和有限的余四维测度，从而解决了 Cheeger-Colding 在 1997 年提出的猜想。作为直接的应用，他们证明非塌缩爱因斯坦流形的截面曲率的平方积分有一致上界，解决了奇格－内伯（Cheeger-Naber）在 2015 年提出的曲率积分猜想。该项成果 2021 年 1 月正式发表在 *Annals of Mathematics* 上，并被美国科学院院士 Cheeger 评价为“奠基性成果”。

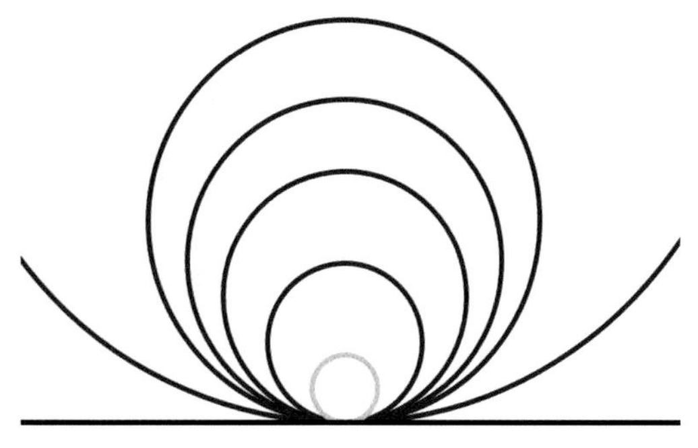

图 3-2-1　GH 极限－切平面

通过建立流形上最优的调和函数估计，江文帅与他人合作，证明了非塌缩非负 Ricci 曲率流形的极限空间的奇异集具有可求长结构和量化的测度估计。该项成果 2021 年 3 月正式发表在 *Annals of Mathematics* 上，在国际上引起广泛关注，被国际数学家大会一小时大会报告引用，并被闻名世界的布尔巴基讨论班组织专题讨论。

切削工艺力学多柔性匹配制造技术为我国大飞机研制提供重要支撑

自 1999 年以来，张卫红教授带领西北工业大学空天结构技术团队在国家自然科学基金（国家杰出青年科学基金项目 10925212，重点项目 11432011、11620101002）等支持下开展了系统深入研究。发现以往工作采用的准刚性切削力模型缺失底刃柔性耦合犁切效应，大切深时精度高、小切深时精度差，难以适用于航空大部件精密制造。为此，团队首创三元柔性切削力精准模型，大幅减少切削力误差，并首次建立了切深参数与刀具参数的匹配优选关系（图 3-2-2）。

团队在此基础上发明了大型薄壁结构加工变形的多柔性耦合分析与控制技术、多柔性匹配的切削抑振增效技术。建立了刀具参数与切削参数匹配优化的柔性变形定量控制技术，实现了大型薄壁结构低切削力、保刚度台阶式切削工艺优化，局部附加质量调控、预应力装夹刚度调控、刀具多时滞参数调控的不等齿距与变螺旋角设计，实现了以“多柔性匹配”抑制“多柔性颤振”（图 3-2-3）。相关成果于 2021 年发表在 *Mechanical Systems and Signal Processing*。

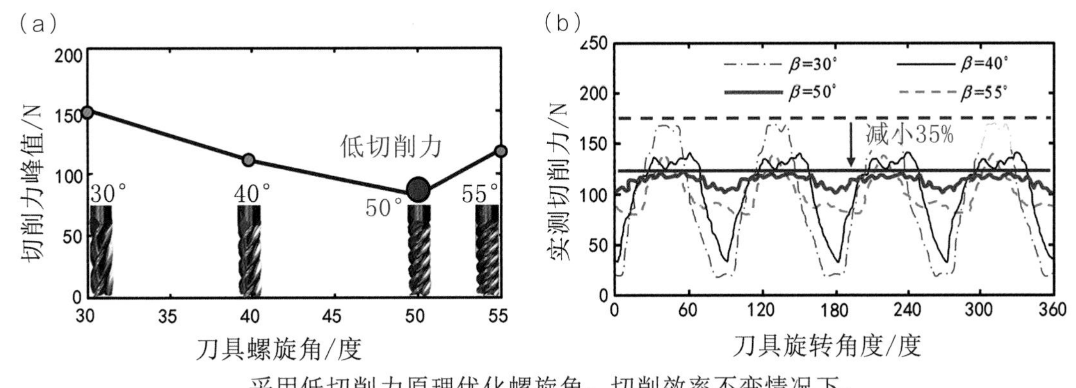

图 3-2-2 低切削力刀具及实测切削力对比

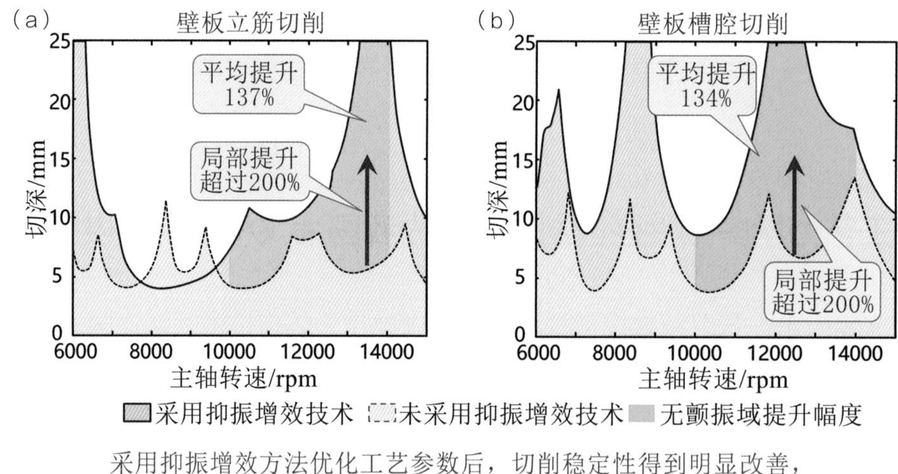

图 3-2-3　多柔性匹配的切削抑振增效技术提升切削稳定域

FAST 在快速射电暴和星际介质磁场测量方面研究

长波无线电波的精确测量是揭示宇宙天体物理现象，理解天体辐射机制的关键手段。在国家自然科学基金（基础科学中心项目 11988101、国家杰出青年科学基金项目 11725313）等资助下，中国科学院国家天文台李菂研究员带领国际合作团队利用“中国天眼”FAST 精确测量了快速射电暴完整能谱和星际介质磁场，在两个天文学重要分支上取得了历史性的突破。

快速射电暴（Fast Radio Burst，FRB）是目前已知的宇宙中射电波段最明亮的爆发现象，其起源未知，是当今天文最活跃的前沿领域之一。2019 年 8—10 月，FAST 成功捕捉 FRB 极端活动期，最剧烈时段达到每小时 122 次爆发，累计获取共 1652 个高信噪比的爆发信号，成为目前最大的 FRB 爆发事件集合，超过本领域此前发表的来自所有 FRB 的脉冲数量总和（图 3-2-4）。团队首次揭示了 FRB 爆发率存在特征能量并具有双峰结构，严重限制了单一磁星起源等多种模型，揭示了 FRB 的基础物理机制。该成果于 2021 年 10 月 14 日发表在 *Nature*。

塞曼效应是目前直接测量星际介质磁场强度的唯一方法。由于其信号微弱，至今只有为数不多的高置信度结果。李菂团队利用自主命名的中性氢窄线自吸收（HINSA）方法，开展了基于 HINSA 探针测量塞曼效应的尝试。通过 FAST 对金牛座分子云前恒星核 L1544 的深度观测，首次探测到中性氢窄线自吸收的高置信度塞曼效应。分析显示，星际介质从冷中性气体到前恒星核具有连贯性的磁场结构，分子云演化到磁超临界状态早于标准模型的预测，很可能更快形成新的恒星。FAST 测量结果为解决恒星形成领域三大经典问题之一的“磁流量问题”提供了重要的观测基础（图 3-2-5）。研究成果于 2022 年 1 月 6 日以封面文章的形式发表在 *Nature*。

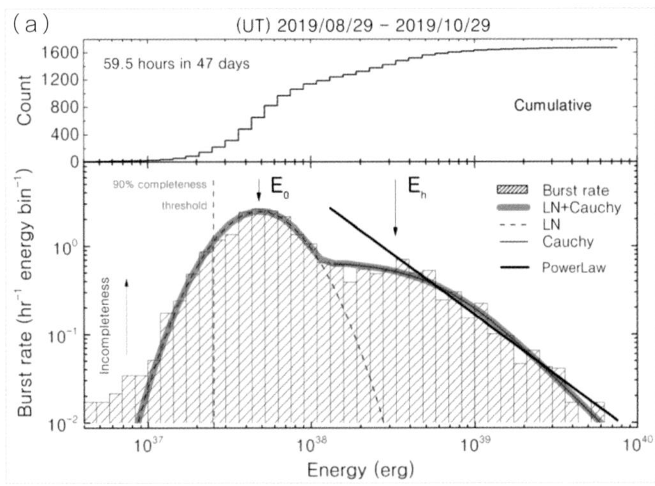

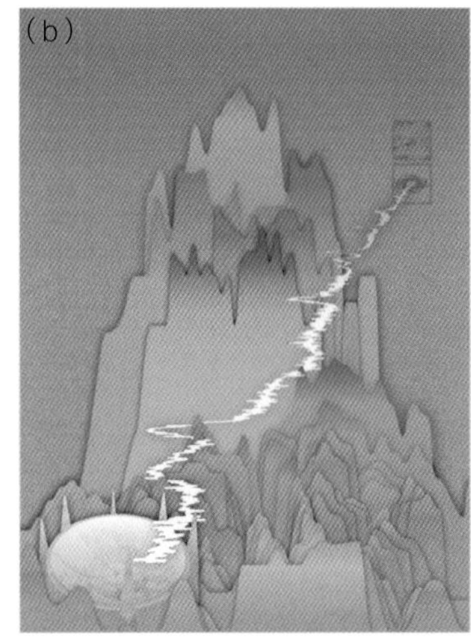

图 3-2-4 （a）快速射电暴 FRB 121102 平均每小时爆发率的能量分布，在低能端 90% 探测完备性下测量到低于特征能 $E_0=4.8\times10^{37}$erg 开始出现爆发率下降，展现了明显偏离幂律谱的复杂能量分布；（b）FAST 观测快速射电暴艺术想象图，图中脉冲来自 FAST 观测 FRB 121102 真实数据

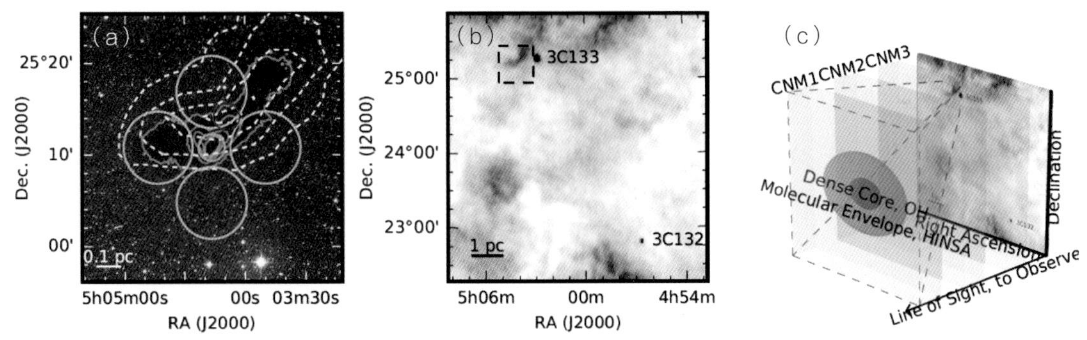

图 3-2-5 （a）L1544 的 HINSA（白色）和氢分子（橙色）谱的特征区域，红色、绿色和青色圆圈分别标记了 FAST、Arecibo 与 GBT 望远镜观测塞曼效应的区域；（b）L1544 周围原子氢的合成图像；（c）冷中性介质（CNM）、L1544 的分子壳层以及致密核心区域

超导体中分段费米面的发现

当超导体进入超导态后，费米能级处产生能隙，不存在费米面。是否可能在超导体中产生费米面？ 1965 年理论物理学家预言，当超导体中库珀对动量足够大时，可以在超导能隙中产生准粒子，从而形成一种特殊的分段费米面。但由于传统超导体库珀对动量大到产生准粒

子时，库珀对也会破裂而失去超导，该预言在过去 50 多年都没有被实验证实。

在国家自然科学基金 [重大项目 11790313，创新研究群体项目 11521404，重大研究计划项目 92065201，重点项目 11634009，面上项目 11874256、11874258、12074247，国际（地区）合作与交流项目 11861161003，青年科学基金项目 12104292] 等资助下，以上海交通大学贾金锋教授和郑浩教授作为学术带头人的研究团队，利用极低温强磁场扫描隧道显微镜在拓扑绝缘体 / 超导体异质结中分段费米面的探测方面取得重要研究进展，主要创新成果如下。

（1）使用分子束外延技术在超导体 $NbSe_2$ 表面精确生长了 4 层厚的拓扑绝缘体 Bi_2Te_3 薄膜，并确认了该体系表面存在均匀的拓扑表面态和超导能隙 [图 3-2-6（a）至图 3-2-6（c）]。

（2）在较小面内磁场的作用下，该体系表面产生超导电流，库珀对开始有动量。由于 Bi_2Te_3 表面态的费米速度较大，可以在不破坏 $Bi_2Te_3/NbSe_2$ 整体超导电性的前提下，用较小的库珀对动量在 Bi_2Te_3 表面态中产生准粒子。通过外加不同大小和方向的面内磁场，研究团队在扫描隧道谱中观测到在超导能隙内产生丰富的准粒子激发 [图 3-2-6（d）至图 3-2-6（e）]，预示着超导体中分段费米面逐渐产生。

（3）利用准粒子干涉技术，在实空间探测到由于费米面内散射产生的驻波，进一步通过傅里叶变换，证实了零能上费米面的产生。该费米面的形状和取向可通过外加磁场的强度和方向调控 [图 3-2-6（f）至图 3-2-6（g）]。

以上研究进展以“Discovery of Segmented Fermi Surface Induced by Cooper Pair Momentum”为题，于 2021 年 12 月 10 发表在 *Science*。该工作创新性地利用拓扑绝缘体 /

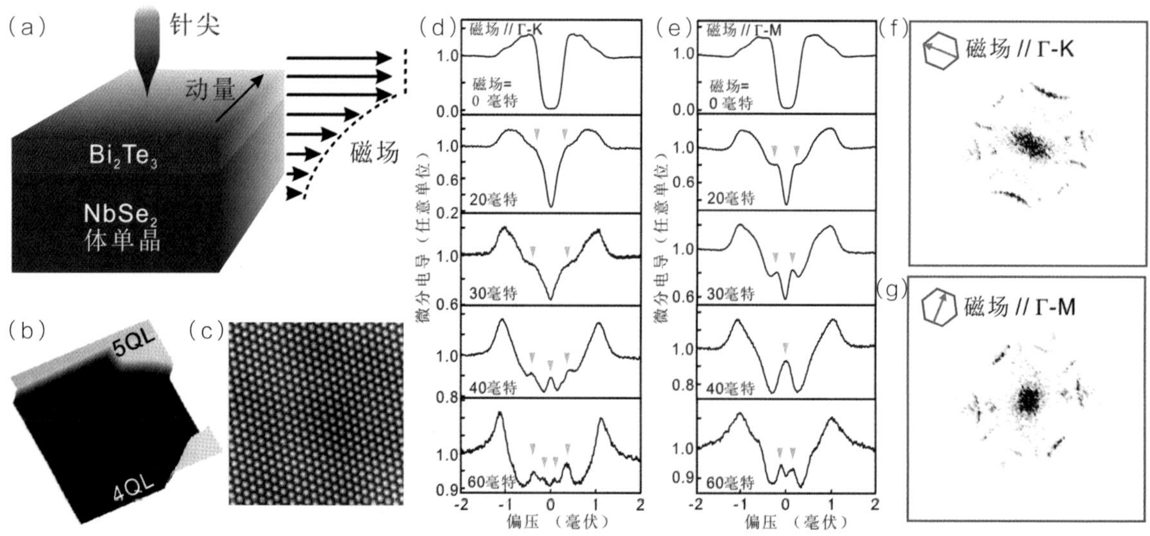

图 3-2-6　超导体中分段费米面的实现

超导体异质结的特殊性解决了实验中的困难，首次在实验上观察到了 50 多年前理论预言的分段费米面，并发现可以用磁场方向和大小来调节这个费米面的形状和大小，还能调控拓扑性，构建新的拓扑超导，开辟了调控物态的新方法。

基于吸收型量子存储器的多模式量子中继

量子信息是目前国际上最前沿、最活跃的研究领域之一。由于单光子在光纤传输中的损耗问题，量子态在光纤中传输的距离被限制在百公里量级。建立全国乃至全球的量子网络，需要采用量子中继方案。国际上已有的量子中继基本链路均基于发射型量子存储器构建，其纠缠光子是由存储器本身发射出来的。这种架构难以同时支持确定性光子发射和多模式复用存储，从根本上限制了纠缠分发的速率。理论研究表明，基于吸收型量子存储器的量子中继架构可以解决这一问题。这一架构把量子存储器和量子光源分离开来，故能同时兼容确定性光子源和多模式复用，是目前理论上通信速率最优的量子中继方案。

在国家自然科学基金（创新研究群体项目 11821404，专项项目 11654002，面上项目 11774331、11774335，青年科学基金项目 11504362）等资助下，中国科学技术大学李传锋教授和周宗权教授研究团队在基于吸收型量子存储器实现多模式量子中继方面取得重要研究进展，主要创新成果（图 3-2-7）如下。

（1）基于参量下转换技术研制了两套纠缠光源，并基于独创的“三明治”结构研制出了两套固态量子存储器。

（2）每对纠缠光子中的一个光子被三明治型量子存储器所存储，而另一个光子被同时传输至中间站点进行贝尔态检验。一次成功的贝尔态检验会完成一次成功的纠缠交换操作，使得两个距离 3.5 米的固态量子存储器之间建立起量子纠缠，尽管这两个存储器没有发生任何直接的相互作用。

（3）在量子中继基本链路的演示实验中实现了 4 个时间模式的复用，使得纠缠分发的速率提升了 4 倍，实测的纠缠保真度达到了 80.4%。

以上研究进展以“Heralded Entanglement Distribution between Two Absorptive Quantum Memories”为题，于 2021 年 6 月 2 日以封面文章的形式发表在 *Nature*。该工作利用固态量子存储器和外置纠缠光源，首次实现两个吸收型量子存储器之间的可预报量子纠缠，演示了多模式量子中继，实验结果证实了基于吸收型量子存储构建量子中继的可行性，并首次展现了多模式复用在量子中继中的加速作用，为实用化高速量子网络的构建打下了坚实的基础。

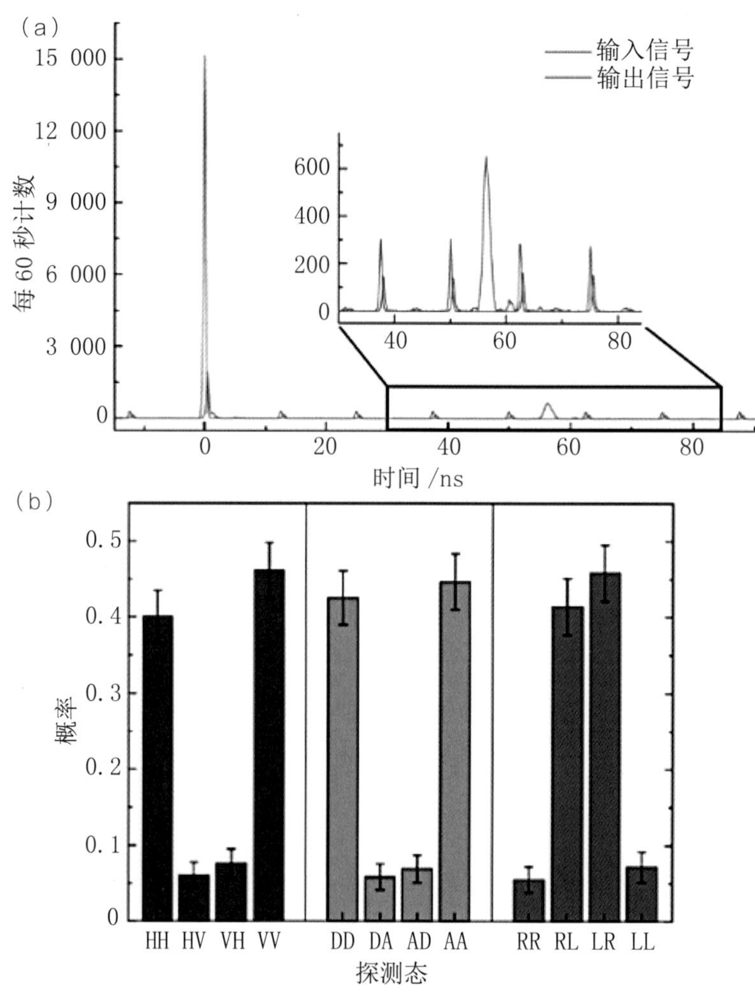

图 3-2-7　基于吸收型量子存储器实现量子中继

高海拔宇宙线观测站开启超高能伽马天文学时代

宇宙线是来自宇宙空间的高能粒子，主要由质子和多种元素的原子核组成，并包含少量电子和光子。自宇宙线被发现 100 多年来，关于宇宙线的研究已经获得过 5 次诺贝尔奖，但迄今为止，宇宙线起源仍然是“世纪之谜”。

在国家自然科学基金 [重点项目 11635011、国际（地区）合作与交流项目 11761141001、优秀青年科学基金项目 12022502] 的资助下，由中国科学院高能物理研究所牵头的高海拔宇宙线观测站（LHAASO）实验国际合作组，通过对高能宇宙线的探测研究，取得了以下主要创新成果。

（1）在银河系内发现大量超高能宇宙加速器，并记录到能量达 1.4 拍电子伏的伽马光子（拍 = 千万亿），这是人类观测到的最高能量光子，突破了人类对银河系粒子加速的传统认知，开启了“超高能伽马天文学”时代。

（2）精确测量了高能天文学标准烛光的亮度，覆盖 3.5 个量级的能量范围，为超高能伽马光源测定了新标准。

（3）观测记录到能量达 1.1 拍电子伏的伽马光子，由此确定在大约仅为太阳系 1/10 大小（约 5 000 倍日地距离）的星云核心区内存在能力超强的电子加速器，加速能量达到了人工加速器产生的电子束能量（欧洲核子研究中心大型正负电子对撞机 LEP）的两万倍左右，直逼经典电动力学和理想磁流体力学理论所允许的加速极限。

上述研究成果分别以“Ultrahigh-Energy Photons up to 1.4 Petaelectronvolts from 12 γ-Ray Galactic Sources”为题，于 2021 年 5 月 17 日在 *Nature* 上发表；以“PeV Gamma-Ray Emission from the Crab Nebular”为题，于 2021 年 7 月 9 日在 *Science* 上发表。这些研究成果大大丰富了人们对高能宇宙线源天体的知识，有助于破解宇宙线起源这个“世纪之谜”，在不久的将来，关于拍电子伏粒子加速的奥秘或将被 LHAASO 揭开。自从在 *Nature* 上发表了 12 个“拍电子伏宇宙加速器”之后引起了国际上广泛的关注，占据了关注度排行榜上 top 1% 的显著位置（图 3-2-8）。随着“拍电子伏宇宙加速器”的大量发现，团队进入了超高能伽马射线天文学这一全新的前沿研究领域，并将长期占领领先地位。

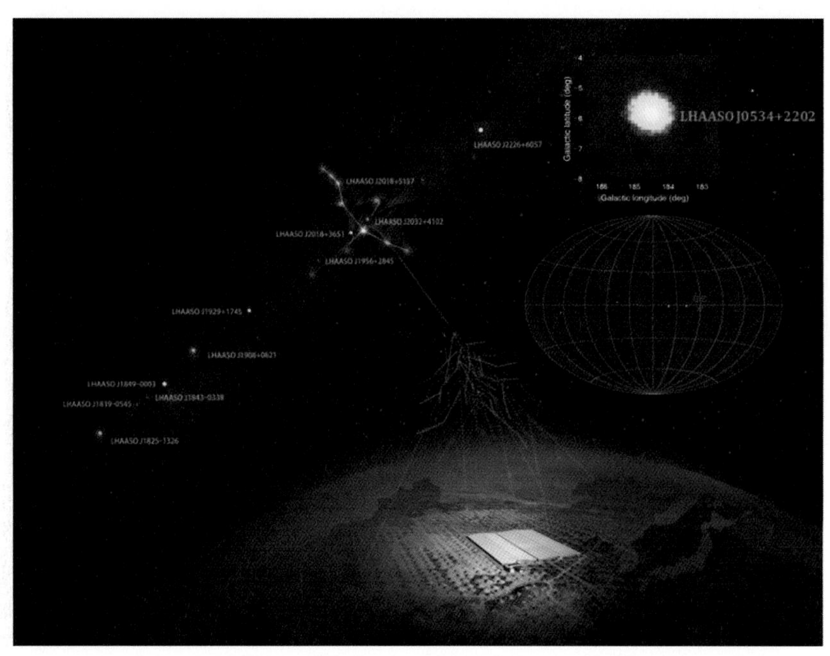

图 3-2-8　LHAASO 探测到的 12 个拍电子伏加速器以及最高能量光子示意

丙烷氧化脱氢研究

丙烯是重要的化工原料，广泛用于塑料、纤维和精细化学品的生产。化工市场对丙烯的需求一直在增加，传统的丙烯制备工艺主要依赖石脑油中重烃的蒸汽裂解和催化裂解，但该反应温度高、能耗大、分离复杂，无法满足市场的需求。丙烷的氧化脱氢（ODHP）具有不受热力学限制、催化剂不易积碳等优点，被认为是工业制丙烯的节能高效生产方式。近年来，硼基催化剂在该反应中表现出良好的催化性能，孤立的硼是惰性的，低聚的 B-O-B 被认为是活性中心，但其容易水解而导致催化剂失活。如何构建稳定硼基催化剂成为丙烷氧化脱氢研究领域的挑战和热点。

在国家自然科学基金（优秀青年科学基金项目 21822203，重点项目 21932006、22032005，联合基金项目 U1908203）等资助下，浙江大学肖丰收、孟祥举、王亮教授团队与中国科学院精密测量科学与技术创新研究院郑安民研究员团队等提出在沸石分子筛骨架上构建含硼单位点活性中心策略，即硼通过“O”和沸石分子筛的骨架硅相联形成 B-O-Si 结构，其比易水解的氮化硼要稳定得多，但 B-O-Si 键是否越多越好呢？理论模拟计算发现，硼与沸石分子筛通过一个 B-O-Si 键骨架相连，当存在两个硼羟基均与相邻的两个硅羟基通过氢键相连形成 $-B[OH\cdots O(H)-Si]_2$ 时，吸附的氧气距离硼羟基仅有 1.312 埃，容易被活化。为了阻止硼位点更多地与沸石分子筛骨架形成 B-O-Si 键相联，团队使用无溶剂方法制备含硼的 MFI

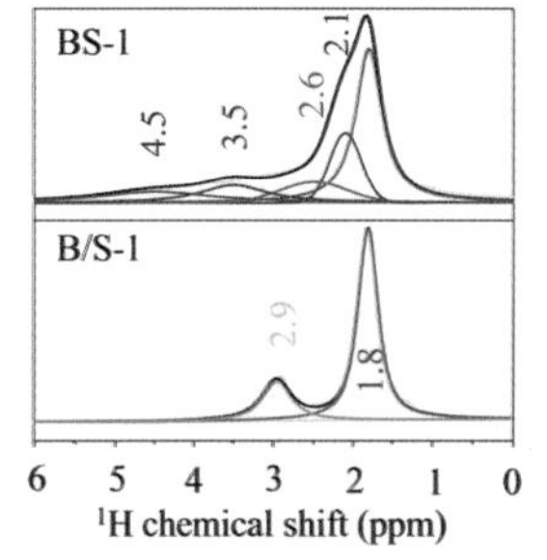

（a）^{1}H MAS NMR spectra of BS-1 和 B/S-1 的 ^{1}H MAS NMR 谱图

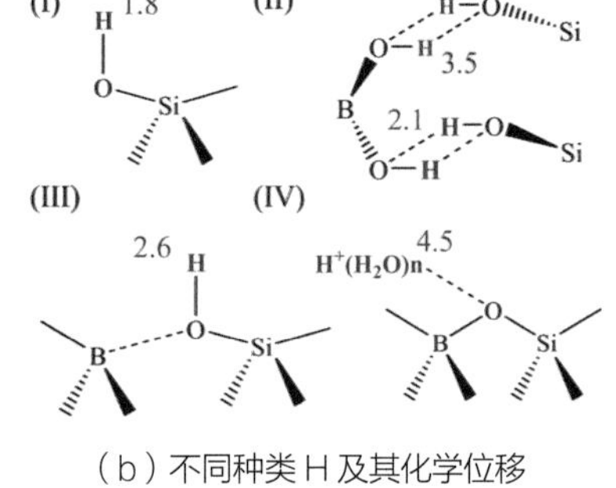

（b）不同种类 H 及其化学位移

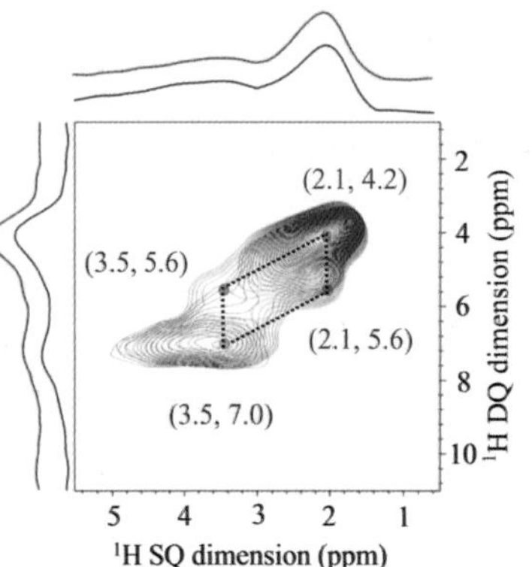

（c）前后的 BS-1 的 2D ^{1}H-^{1}H DQ MAS NMR 谱图变化

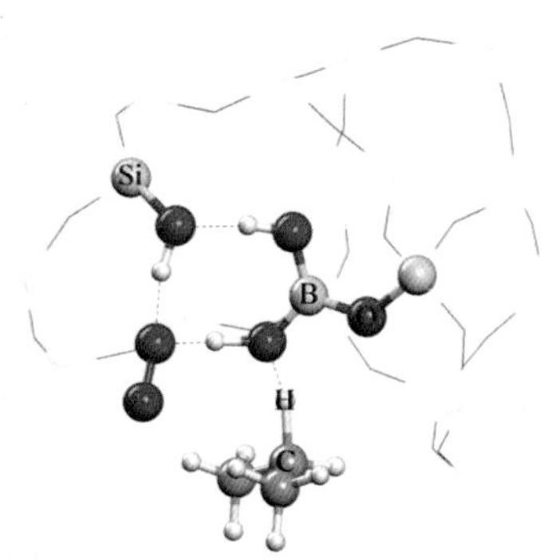

（d）$-B[OH\cdots O(H)-Si]_2$ 与氧和丙烷反应的过渡态结构

图 3-2-9　BS-1 中硼羟基基团的识别

沸石分子筛（BS-1），通过原位红外、二维固体核磁共振谱和飞行时间质谱等检测手段辨识，硼孤立存在于沸石骨架中（图 3-2-9）。在丙烷脱氢反应中，硼双羟基和其中一个硅羟基协同，可以同时活化丙烷和氧气分子，形成稳定的中间体并进一步转化为丙烯，其反应能垒明显优于硼单羟基结构。另外，Si−O−B 键在反应过程中的可逆水解 - 缩合过程，有效抑制了沸石分子筛的脱硼形成水溶性的硼酸，大幅度提高了 BS-1 的稳定性和催化剂寿命。

团队创新地设计制备了稳定且高效的孤立硼位点（$-B[OH\cdots O(H)-Si]_2$），并揭示了该活性位点在丙烷氧化脱氢反应中的构效关系，阐述了通过 $-B[OH\cdots O(H)-Si]_2$ 活性中心实现丙烷氧化脱氢的完整反应历程。相关成果于 2021 年 4 月 2 日发表在 *Science*。

丙烯 / 丙烷吸附分离研究

丙烯和丙烷气体分子具有非常相似的分子尺寸和相近的沸点（ΔT=5.3K），分离非常困难。开发高效率低能耗的丙烯分离纯化技术迫在眉睫。

金属有机框架多孔材料由于其裸露金属位点在一定程度上也能共吸附烷烃，不足以生产高纯度的烯烃，同时这类材料对水分子敏感。相比较，刚性分子筛材料能够将烷烃的共吸附最小化，烯烃 / 烷烃的选择性最大化（图 3-2-10）。但由于尺寸匹配的分子必须穿过许多小孔，很难达到吸附平衡，导致吸附 - 解吸缓慢，能量效率低。

在国家自然科学基金（重点项目 21731002、面上项目 21975104）等资助下，暨南大学李丹和陆伟刚教授团队首次提出了正交阵列动态筛分机制，并成功获得一例基于此分离机制

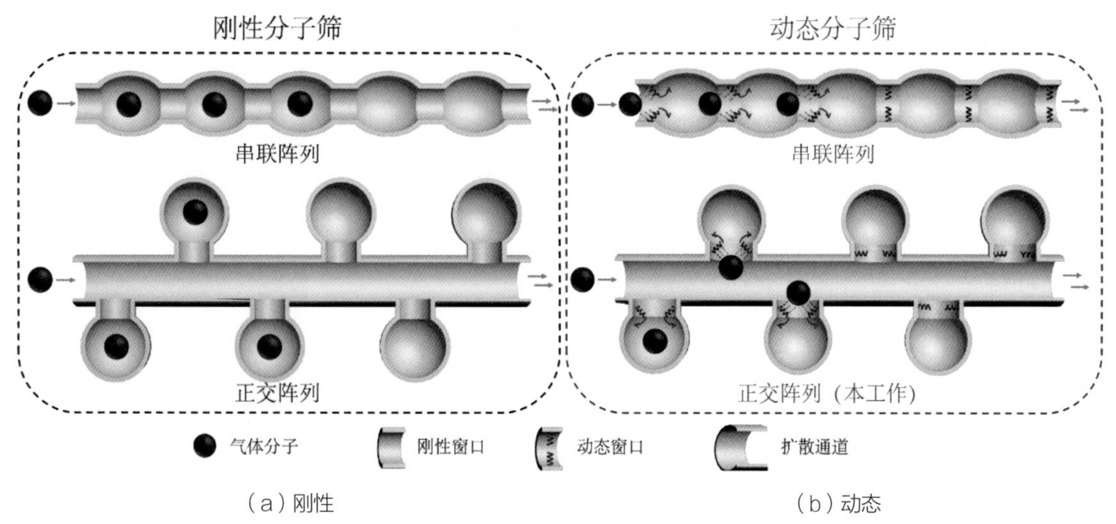

（a）刚性　　（b）动态

图 3-2-10　串联和正交阵列筛分机制示意

的材料——JNU-3，该材料拥有三维网格结构，沿着晶体学 a 轴是 4.5 埃 × 5.3 埃的一维通道，在一维通道两侧是排列整齐的分子口袋，分子口袋和一维通道通过一个约 3.7 埃的动态“葫芦形”窗口相连。JNU-3 能够快速分离丙烯 / 丙烷（1/1）混合物，每千克 JNU-3 可以得到 53.5 升聚合纯（99.5 %）的丙烯，获得迄今为止最佳的丙烯 / 丙烷分离效果。

研究成果以“Orthogonal-Array Dynamic Molecular Sieving of Propylene/Propane Mixtures”为题，于 2021 年 7 月 21 日发表在 *Nature*。这一成果不仅为丙烯和丙烷及其他重要气体的高效分离提供解决方法，也为设计下一代分子筛提供了新的思路。

单分子电化学发光成像方法研究

单分子水平揭示化学反应的空间位置、路径和动力学是化学研究面临的重要科学问题。单分子化学反应信号变化微弱，反应过程和位置具有随机性，很难有效控制和追踪。单分子化学反应直接成像是科学家面临的一个长久挑战。

在国家自然科学基金（面上项目 21974123）等支持下，浙江大学冯建东研究员团队致力于发展多维度的测量手段和研究工具，实现溶液体系单分子物理和化学过程的观测。团队近期发明了单分子电致化学发光显微镜，该研究成果于 2021 年 8 月 11 日发表在 *Nature*，并被遴选为当期封面。

由于不需要光激发，电致化学发光允许完全黑暗背景下成像，这为追踪微弱的单分子信号提供了有利条件。团队通过时空孤立控制“捕捉”到单分子反应的发光信号，第一次实现溶液单分子电化学发光反应的直接成像，单分子电化学测量探测能力相比现有单纳米颗粒电化学测量高出 100 万倍以上。团队在此基础上利用空间孤立的反应定位信息进行重构，首次实现突破光学衍射极限的电致化学发光成像（图 3-2-11）。单分子电致化学发

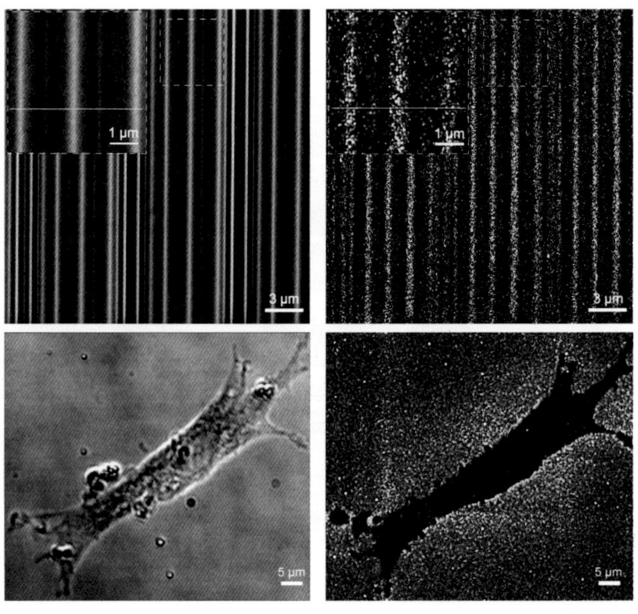

图 3-2-11　单分子电致化学发光显微镜的微纳结构成像及细胞成像效果

光显微镜的分辨率达到了 24nm，比传统亚微米水平电化学发光成像高出一个数量级，生物样品成像能力可与超分辨荧光显微镜互补。

该研究工作展示的是世界首例基于化学发光方法的超分辨显微技术，化学家可以第一次直接观察溶液单分子反应。该研究工具有望为单分子精准测量、化学和生物成像、化学反应动力学研究等领域提供新的视角。*Nature* 邀请同行专家对此工作给予了“开辟了成像新概念：基于化学途径的超分辨显微镜”评述。

光开关分子纳米磁体研究

在国家自然科学基金（国家杰出青年科学基金项目 22025101、重大研究计划项目 91961114、面上项目 21871039）等资助下，大连理工大学刘涛教授团队利用 $[W(CN)_8]^{3-}$ 单元与 Fe^{II} 自旋交叉基元配位组装成一维链（图 3-2-12），在光开关分子纳米磁体磁滞研究中取得重要进展。研究成果以“Switching the Magnetic Hysteresis of an $[Fe^{II}-NC-W^{V}]$-Based Coordination Polymer by Photoinduced Reversible Spin Crossover”为题，于 2021 年 5 月 24 日发表在 *Nature Chemistry*。

表现出磁滞的分子磁体具有对应于二进制中“0”和“1”的两种磁性状态，有望应用于高密度信息存储、量子计算和自旋电子学器件等。光诱导自旋激发态捕获效应（LIESST）及其逆过程（RE-LIESST）不仅可以在飞秒尺度内切换金属离子的高低自旋态，还可以引起自旋中心磁各向异性和磁交换作用等改变，为光调控分子磁体磁滞提供可能。然而在现有的研究体系中，光调控分子纳米磁体的磁滞行为仍没有被观测到。磁滞的产生取决于分子层面上自旋中心的磁各向异性以及自旋中心之间的磁耦合作用。构筑具有磁滞的光响应分子纳米磁体，不仅要兼顾孤立自旋中心磁各向异性和它们之间的磁交换作用，还要对光响应自旋转变中心的配位环境进行精确调控，是一项极具挑战的课题。

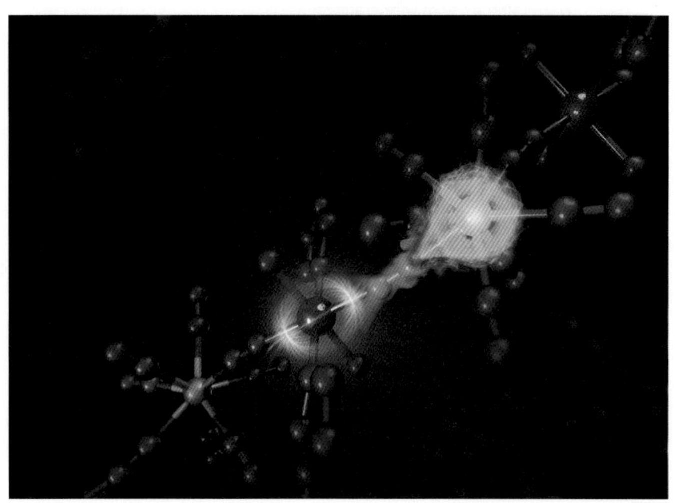

图 3-2-12 $[Fe^{II}-NC-W^{V}]$ 一维链结构

该研究将八氰合钨建筑单元 $(Bu_4N)_3W^V(CN)_8$ 与 Fe^{II} 离子组装成强磁交换作用的一维链，利用长桥配体 1，4- 双（1H- 咪唑 -1- 基）苯与 Fe^{II} 离子配位构筑刚柔并济的结构，获得了一例光开关分子纳米磁体（图 3-2-13）。变温单晶结构与磁性测试等分析表明，Fe^{II} 离子具有自旋交叉行为。同位素富集 ^{57}Fe 穆斯堡尔谱实验证实光诱导 Fe^{II} 自旋激发态捕获行为。808nm 和 473nm 激光照射驱动 Fe^{II} 离子在低自旋态（LS：S = 0）和高自旋态（HS：S = 2）间的可逆转换，并伴随链内磁交换作用通道的打开与关闭。808nm 光诱导激发态在低温下表现出明显的磁滞回线，矫顽场高达 1.9T。473nm 激光照射引起 Fe^{II} 离子从顺磁态到抗磁态转变，磁交换作用通道被关闭，磁滞回线消失。

该项工作首次实现了光诱导分子纳米磁体磁滞开与关的调控，为设计基于自旋转变单元的光响应功能分子材料提供了新思路。

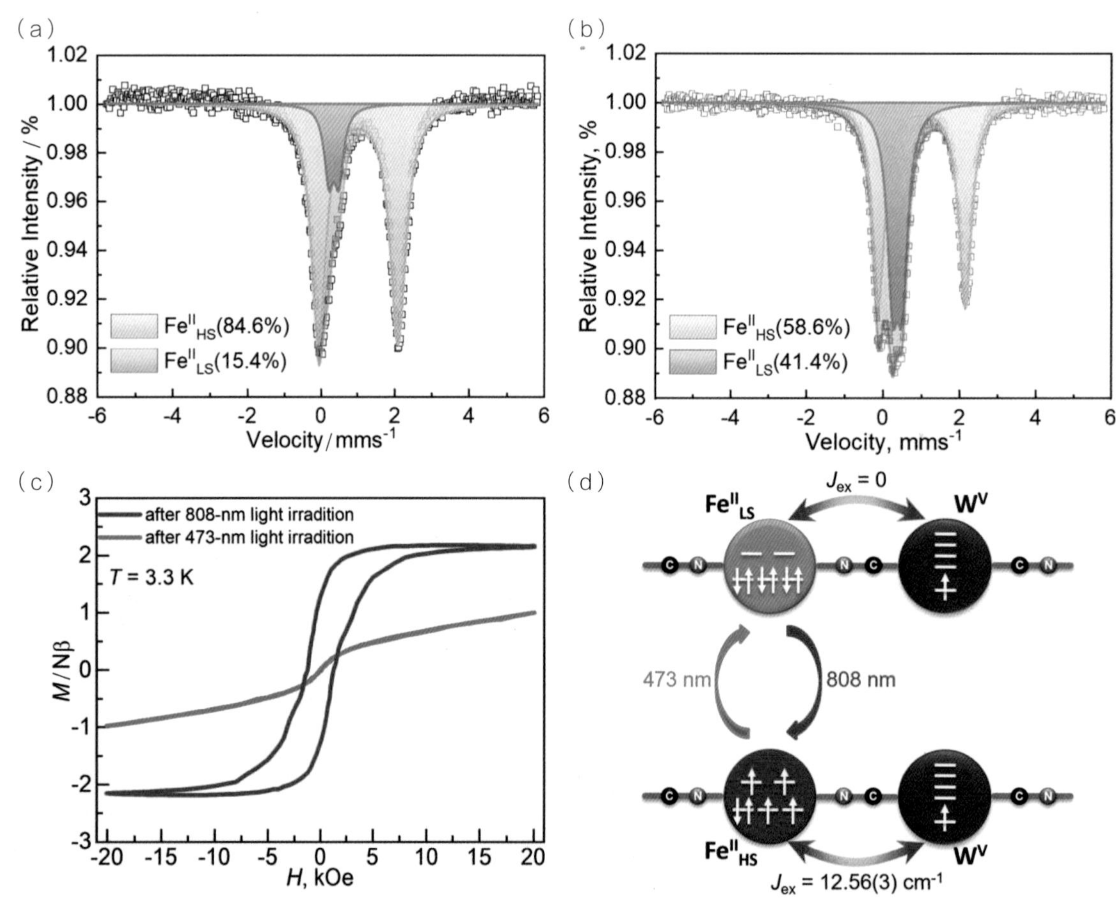

图 3-2-13 （a）25 K 下 808nm 激光照射后配合物的穆斯堡尔谱图；（b）25 K 下 473nm 激光照射后配合物的穆斯堡尔谱图；（c）808nm 和 473nm 光照后配合物的磁滞回线；（d）光调控 Fe^{II} 离子高低自旋态转变和 W^V-Fe^{II} 磁交换作用通道开关示意

化学反应中自旋轨道分波的量子干涉研究

在国家自然科学基金（基础科学中心项目 21688102、重大项目 21590800、重点项目 21733006、国家杰出青年科学基金项目 21825303）等资助下，中国科学技术大学王兴安教授团队与中国科学院大连化学物理研究所孙志刚研究员、杨学明研究员团队合作，研究了基元化学反应中自旋轨道分波的量子干涉现象，揭示电子自旋－轨道相互作用对化学反应动力学过程的影响。相关研究成果以“Quantum Interference between Spin-Orbit Split Partial Waves in the F+HD → HF+D Reaction”为题，于 2021 年 2 月 26 日发表在 *Science*。

自 1925 年乌伦贝克和古德施密特发现电子自旋现象起，人们在原子和分子等体系中发现电子自旋与轨道角动量的耦合会引起许多有趣现象的发生。在化学反应中，电子自旋轨道耦合会导致散射分波的分裂，进而使得分波可能存在一些精细结构。但是电子自旋轨道耦合是否能够影响以及如何影响化学反应的动力学过程仍然是一个未知且极具挑战的问题。为了解决这一难题，团队以实验和理论相结合对电子自旋和轨道角动量在 F+HD → HF+D 反应中的影响进行了研究（图 3-2-14）。

团队通过将交叉分子束－时间切片离子速度成像技术与近阈值电离技术相结合，对 $F(^2P_{3/2})$+HD(v=0，j=0) 反应产物 D 原子的速度及角度分布进行了高精度测量，获得了产物转动量子态分辨的微分散射截面，并在微分散射截面前向散射方向观测到一个独特的“马蹄铁”形结构。团队在理论方面发展了包含角动量耦合的量子动力学理论模拟方法，并对这个独特的动力学结构进行了解释。单一分波分成了具有四重精细结构的分波（图 3-2-15），其对应的反应产物精细角分布只有通过高分辨率的交叉分子束成像装置才能够观测到。

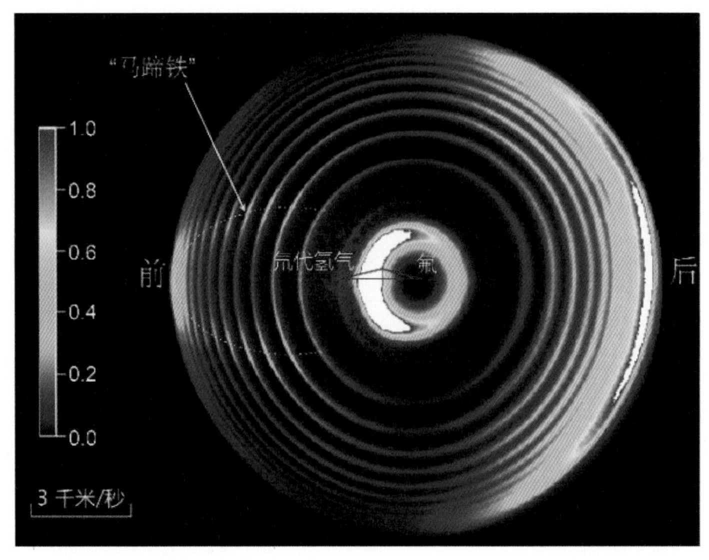

图 3-2-14　F+HD 反应散射产物 D 原子实验影像

研究结果表明，这个“马蹄铁”形结构是由具有正负宇称的自旋轨道分裂的共振分波的量子干涉导致的。这是首次探测到电子角动量对于基元化学反应动力学过程的影响，是分子反应动力学领域研究的一个突破，进一步提升了我们对自然界的认识能力。

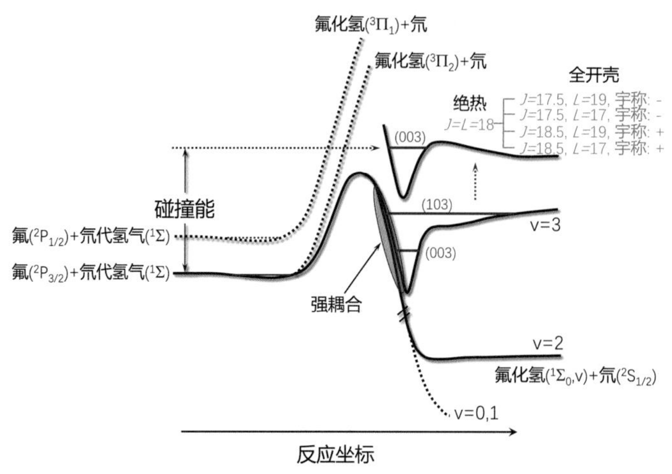

图 3-2-15　反应机理理论示意

金属铱催化 *Z* 式保留不对称烯丙基取代反应

烯烃是有机分子的基本结构单元，*Z*- 烯烃相对于 *E*- 烯烃热力学不稳定，导致其高选择性合成十分困难。手性 *Z*- 烯烃片段广泛存在于天然产物和生物活性分子中 [图 3-2-16(a)]，发展手性 *Z*- 烯烃片段的高效精准构建方法具有非常重要的意义。过渡金属催化的不对称烯丙基取代反应可以便捷地实现含有烯烃结构的手性分子合成。该类反应一般通过稳态 *syn*-π-烯丙基金属中间体进行，因此不论使用 *E*- 烯烃还是末端烯烃原料，一般都难以构建 *Z*- 烯烃分子。与之相反，若能从 *Z*- 烯烃原料出发，实现对反应体系中的瞬态 *anti*-π-烯丙基金属中间体的快速捕捉，则有望高选择性地合成手性 *Z*- 烯烃分子。然而实现这一反应设计极具挑战性。

在国家自然科学基金（创新研究群体项目 21821002、重大项目 22031012、重大研究计划项目 91856201）等资助下，中国科学院上海有机化学研究所游书力研究员团队基于前期对铱催化不对称烯丙基取代反应机理的研究，提出了“利用活泼前手性亲核试剂快速捕获瞬态 *anti*-π- 烯丙基铱中间体”的策略，发展了 *Z* 式保留不对称烯丙基取代反应 [图 3-2-16(b)]。该反应利用 *anti* 和 *syn* 两种构型的 π- 烯丙基铱中间体相互转化速率较慢的特点，从 *Z*- 烯丙基原料出发，与手性铱催化剂作用生成瞬态 *anti*-π- 烯丙基铱中间体，并在其转化为热力学更稳定的异构体前被多类高活性前手性亲核试剂捕获，从而实现手性 *Z*- 烯烃分子的精准合成。研究成果以“Iridium-Catalyzed *Z*-Retentive Asymmetric Allylic Substitution Reactions”为题，于 2021 年 1 月 22 日发表在 *Science*。

该研究揭示了全新的不对称烯丙基取代反应模式，为手性 Z- 烯烃分子提供了一个通用的合成策略，有望应用于药物化学、天然产物合成等领域。

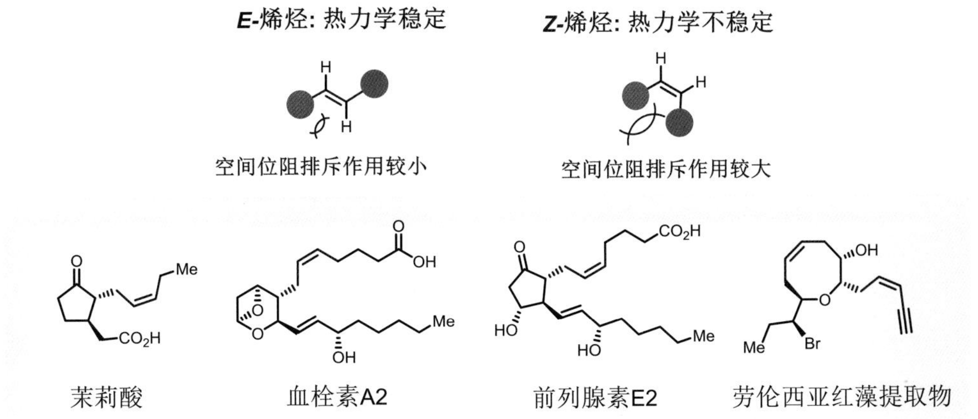

（a）几种含有 Z- 烯烃的手性天然产物或生物活性分子

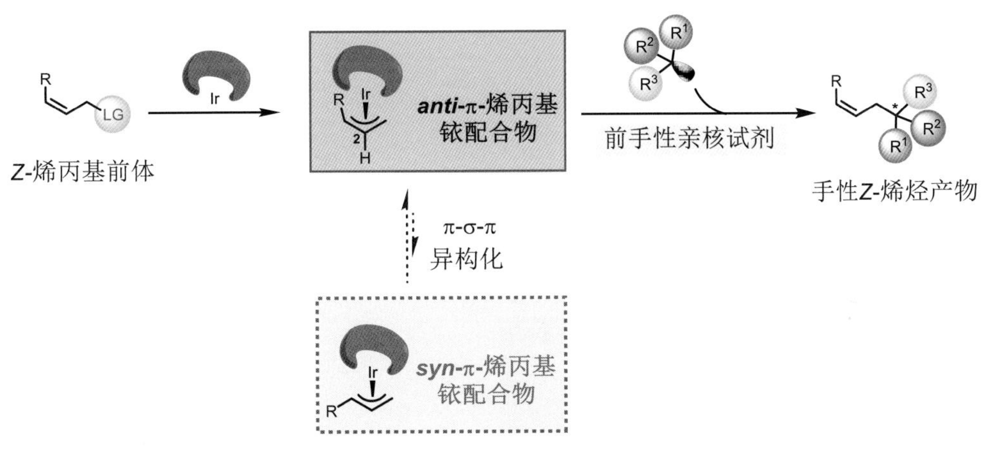

（b）金属铱催化 Z 式保留不对称烯丙基取代反应

图 3-2-16 过渡金属催化的不对称烯丙基取代反应构建手性 Z- 烯烃

水稻智能化育种系统的创制

水稻是主要的粮食作物之一，全世界约有一半以上的人口以稻米为主食。在我国，水稻也是第一大粮食作物，对保障粮食安全至关重要。如何在水稻基础研究与育种应用之间建立起一座桥梁，开发出高效精准的分子育种新方法，一直是水稻研究的重要目标。

在国家自然科学基金（重大研究计划项目 91935301、国家杰出青年科学基金项目 31825015）资助下，上海师范大学黄学辉教授团队在水稻分子设计育种方法的研究中取得重要进展，主要创新成果如下。

（1）系统整理所有公开报道的水稻数量性状基因研究结果，通过生物信息学技术将水稻关键功能变异位点逐一锚定到水稻基因组精确的位置，并利用遗传群体对其效应强弱进行精准评估，首次绘制出一张完整的水稻基因关键变异电子图谱。

（2）收集来自 26 个国家的 404 份种质材料，覆盖电子图谱中 562 个等位基因的 95.5%，为水稻遗传改良配备丰富的供体资源。

（3）基于该图谱开发出水稻版的“地图导航”系统——RiceNavi（图 3-2-17），初步实现了水稻育种的智能化。

（4）作为应用例证，该系统被应用于常规稻主栽品种“黄华占”的改良。借助 RiceNavi 的选配指导和路线优化，仅用两年半时间实现了既定育种目标，获得株型紧凑、生育期略短、有香味的新品系“导航 1 号”。

该研究成果于 2021 年 2 月 1 日在 *Nature Genetics* 上以封面论文发表，得到了国际国内同行的高度评价。该成果已正式转让给我国大型种业集团进行推广应用，将为水稻新品种的快速培育提供技术支持。

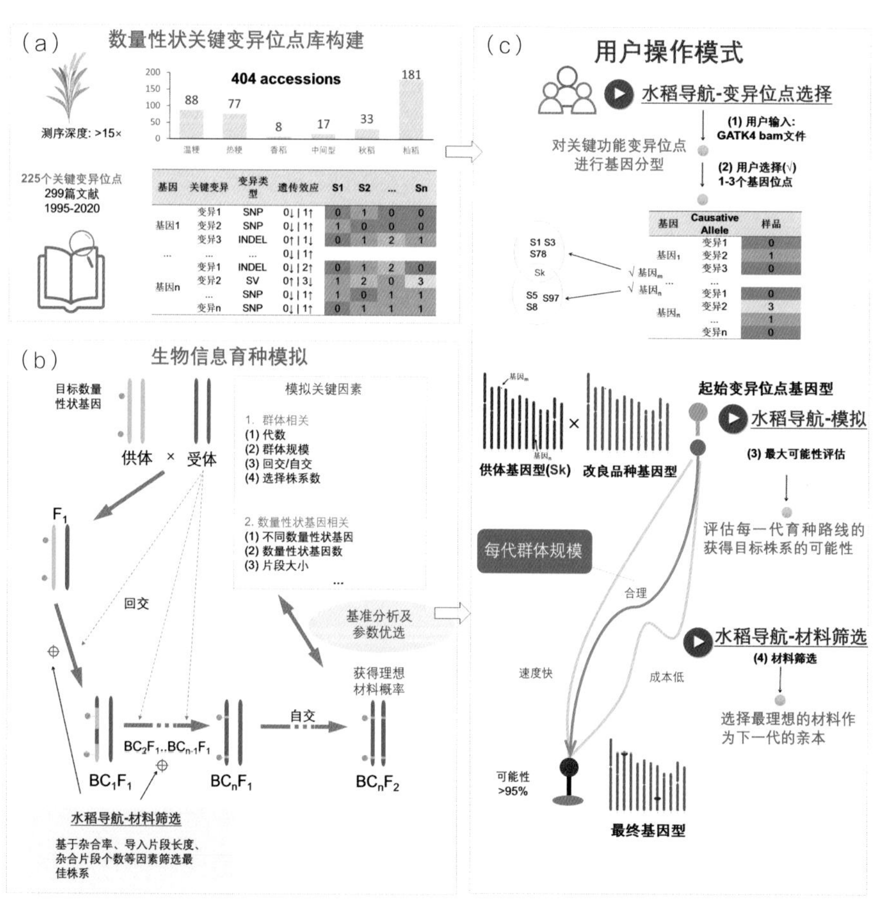

图 3-2-17　水稻导航育种系统 RiceNavi 的功能图示

鸟类迁徙研究

中国科学院动物研究所詹祥江研究员团队在国家自然科学基金[创新研究群体项目31821001、重点项目31930013、国际（地区）合作与交流项目31911530186]等资助下，通过整合多年卫星追踪数据和种群基因组信息，建立一套游隼（*Falco peregrinus*）迁徙系统（图3-2-18），揭开了游隼迁徙的秘密。研究成果以“Climate-Driven Flyway Changes and Memory-Based Long-Distance Migration”为题，于2021年3月11日作为封面发表在*Nature*，受到同行专家的高度评述与媒体的广泛报道。

研究人员历时六年，在亚欧大陆北极圈自西向东的游隼主要繁殖地，为56只游隼佩戴了卫星追踪器，发现它们主要使用5条迁徙路线，具有高度的迁徙连通性，西部两群表现为短距离迁徙（平均3 600km），东部四群为长距离迁徙（平均6 400km）。结合种群基因组与生态位模拟分析，研究人员发现在末次冰盛期到全新世的转换过程中，因冰川消退引起的繁殖地向北退缩以及越冬地变迁可能是游隼迁徙路线形成的主要历史原因。

更为有趣的是，研究人员发现了一个和记忆能力相关的基因*ADCY8*在长距离迁徙种群中受到了正选择。实验证明，长、短迁徙种群主要基因型存在功能差异，表明了长时记忆可能是鸟类长距离迁徙的重要基础。研究人员预测，在未来全球变暖日益严重的情境下，向欧洲迁徙的北极西部游隼种群可能要面临繁殖地退缩和迁徙策略改变的双重风险，需要特别加强保护。

该研究首次全面结合遥感卫星追踪、基因组学、神经生物学等新型研究手段，通过多学科的整合分析，阐明了北极鸟类迁徙路线的时空动态变化，并找到了鸟类长距离迁徙的关键基因，展现了学科交叉型的创新性研究在回答重大科学问题中的关键作用。

图3-2-18　北极游隼迁徙系统

氯胺酮快速抗抑郁作用的分子机制及 NMDA 受体的门控原理

抑郁症是发病率最高的精神疾病，已成为世界第二大疾病。全球有超 3 亿抑郁症患者，其中，中国患者已达 9 500 万。传统抗抑郁药起效慢且副作用明显，对三分之一难治性抑郁症患者没有疗效。快速抗抑郁新药氯胺酮的发现是领域内三十年来最重要的进展。亚麻醉剂量的氯胺酮就能在数小时内显著改善患者负面情绪，尤其对难治性抑郁症和自杀倾向患者有显著治疗效果。氯胺酮是兴奋性谷氨酸门控 NMDA 受体的通道阻断剂。解析氯胺酮与 NMDA 受体的结合位点及作用机制，并揭示 NMDA 受体的门控原理与潜在新型靶点，对于研发新一代抗抑郁药具有重要意义。

在国家自然科学基金（面上项目 31771115）的资助下，中国科学院脑科学与智能技术卓越创新中心竺淑佳研究员团队以关键靶标蛋白——NMDA 受体为重点研究对象，从原子层面揭开了氯胺酮与人源 NMDA 受体结合的三维结构并观察到氯胺酮的结合口袋；利用电生理和分子动态模拟，阐明了氯胺酮与 NMDA 受体通过关键氢键和疏水键互作的机制（图 3–2–19）；进一步解析了一系列人源 NMDA 受体与激动剂、拮抗剂、变构调节剂、通道阻断剂结合的高分辨率三维结构（图 3–2–20），探究了 NMDA 受体在不同小分子结合下的门控机制，并在配体结合域与跨膜结构域之间的铰链区发现了一个全新的小分子结合位点。该研究丰富了 NMDA 受体的三维结构、门控原理及药理学研究。

这些成果不仅促进了谷氨酸受体功能异常相关神经或精神类疾病的药理学研究，同时为研发具有我国自主研发知识产权的新一代快速抗抑郁先导化合物提供了理论依据和转化前景。

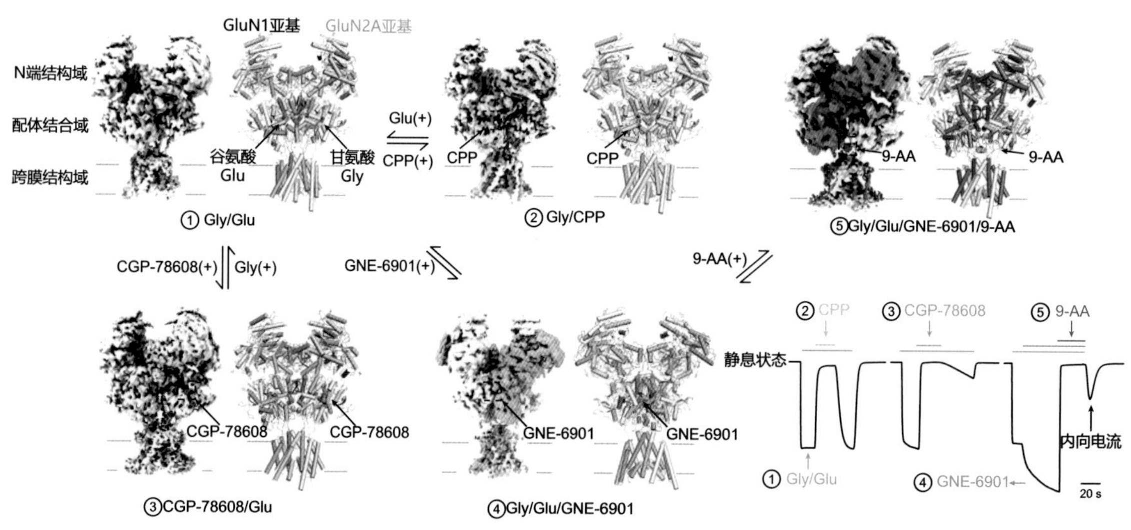

图 3–2–19 抗抑郁药氯胺酮靶向人源 NMDA 受体的作用机制

研究成果分别以“Gating Mechanism and a Modulatory Niche of Human GluN1–GluN2A NMDA Receptors”和“Structural Basis of Ketamine Action on Human NMDA Receptors”为题，于2021年6月和7月先后发表在*Neuron*和*Nature*上，被*Nature Reviews Neuroscience*和*Nature Reviews Drug Discovery*评述推荐。

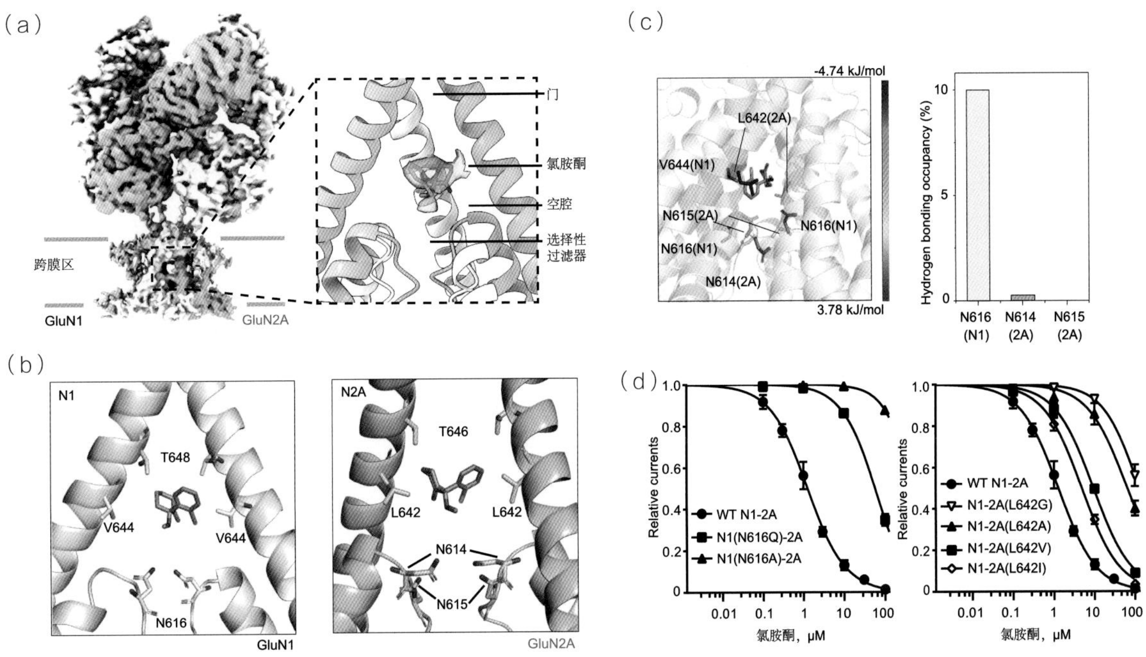

图 3-2-20　人源 NMDA 受体在不同小分子结合下的高分辨率三维结构及在电生理记录下的各种通道开关状态

大型镜像蛋白质全化学合成与镜像 DNA 信息存储

DNA 因具有高存储密度、低维护成本等优点，被视为新一代信息存储介质，而天然 DNA 易被自然环境中的微生物及核酸酶降解，不利于在开放环境中长时间稳定存放。与天然 DNA 手性相反的镜像 DNA 不仅具有相同的高存储密度，还具有独特的生物正交性，不易被微生物及核酸酶降解。镜像 DNA 信息存储技术主要包括信息的“写入”与“读取”两个过程，需要高保真镜像 DNA 聚合酶来帮助实现。然而，受限于肽段的合成与连接反应效率，镜像高保真 DNA 聚合酶的化学全合成非常困难。大型镜像蛋白质和长链镜像 DNA 的有效合成一直未能实现，长期制约着镜像生物学领域的发展及该系统的实际应用。

在国家自然科学基金（原创探索计划项目 32050178、国家杰出青年科学基金项目 21925702、专项项目 21750005）等资助下，清华大学生命科学学院朱听教授团队全化学合成了 90kDa 高保真镜像 DNA 聚合酶，组装出千碱基长度的长链镜像 DNA，并实现了镜像 DNA 信息存储（图 3-2-21），主要创新成果如下。

（1）提出了“分割设计”蛋白质全化学合成策略和异亮氨酸系统性替换方法，成功获得了全长为 775 个氨基酸具有完整功能的 90kDa 高保真镜像 *Pfu* DNA 聚合酶，为目前已报道最大的全化学合成蛋白质。

（2）发展了长链镜像 DNA 组装技术，利用高保真镜像 DNA 聚合酶组装出长达 1.5kb 的镜像 16S 核糖体 RNA 基因，为目前已报道最长的镜像 DNA。

（3）开发了镜像 DNA 信息存储技术，以及基于镜像 DNA 的信息隐写技术。

（4）利用环境水样验证了镜像 DNA 在复杂自然环境中抗生物降解和污染的能力。

该研究成果以“Bioorthogonal Information Storage in L-DNA with a High-Fidelity Mirror-Image *Pfu* DNA Polymerase”为题，于 2021 年 7 月 29 日发表在 *Nature Biotechnology* 上。该研究发展的大型镜像蛋白质全化学合成策略及千碱基长度镜像基因的组装技术将促进镜像生物学的发展，为镜像中心法则的构建与应用奠定了基础。

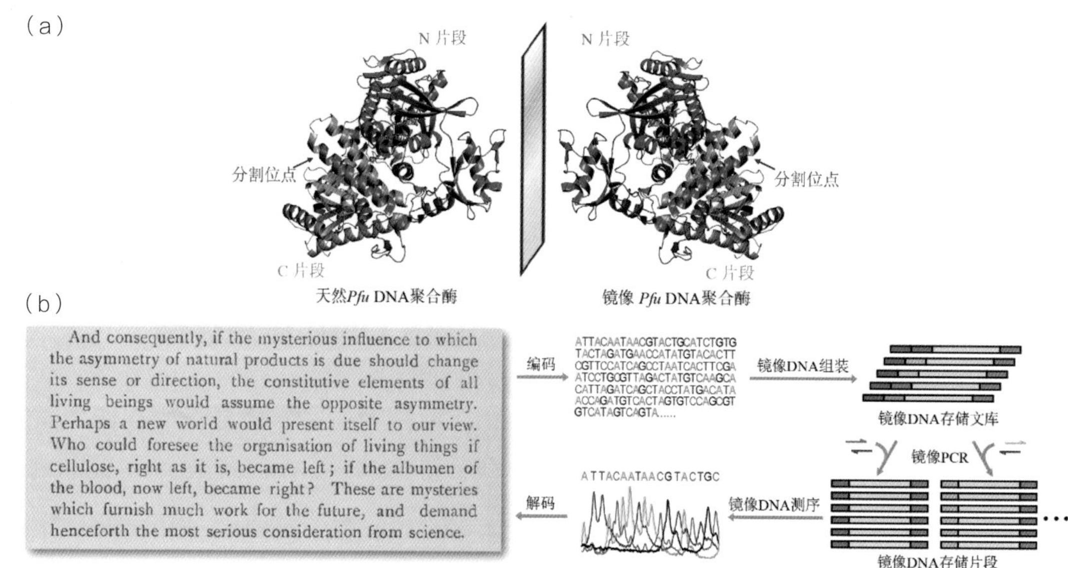

图 3-2-21　高保真镜像 *Pfu* DNA 聚合酶与镜像 DNA 信息存储

RNA 编辑调控纤毛激酶研究

纤毛广泛存在于真核细胞表面，驱动细胞运动并参与细胞对外界的感知。人类纤毛激酶 MAK 突变会导致色素性视网膜炎，但目前科学界对 MAK 激酶的作用机制知之甚少。

在国家自然科学基金[重大项目 31991190、重点项目 31730052、国家杰出青年科学基金项目 31525015、国际（地区）合作与交流项目 31561130153] 等资助下，清华大学生命科学学院欧光朔教授团队以模式动物线虫的嗅觉纤毛为模型，研究 MAK 激酶同源蛋白 DYF-5 的调控机理。实验制备了该激酶组成型活化的 DYF-5CA 品系，通过破坏纤毛结构，利用遗传抑制子筛选，意外发现抑制细胞核内负责 RNA 编辑的腺苷脱氨酶可以挽救 DYF-5CA 的纤毛缺陷表型。RNA 测序和生物信息分析发现，腺苷脱氨酶对编码 DYF-5CA 的 mRNA 进行了大规模编辑，导致该 RNA 剪切异常，从而阻碍激酶的翻译，限制其活性。RNA 编辑还能限制其他过度活化的纤毛激酶，表明该机制的普适性。该研究成果以“RNA Editing Restricts Hyperactive Ciliary Kinases”为题，于 2021 年 8 月发表在 *Science* 上。

遗传学的“中心法则”指出遗传信息的传递路径是从 DNA 传递给 RNA，再从 RNA 传递给蛋白质；逆转录病毒的 RNA 序列信息可被逆转录写回 DNA；蛋白质活性信息可回馈到 DNA，调控基因转录。这项成果报道了蛋白激酶的活性信息反馈到编码该激酶的 RNA 上，通过 RNA 编辑改变遗传信息的现象，揭示在特定状态下遗传信息发生从蛋白质到 RNA 流动的机制，丰富了对“中心法则”的全面理解。

纤毛疾病蛋白不是理想的药物靶标，其临床治疗一直是领域的难点和痛点。该项成果表明纤毛激酶异常导致的纤毛缺陷可以通过抑制腺苷脱氨酶来补救，提出纤毛疾病“纤毛外”治疗的新路径，喻示了干预慢性遗传疾病的新范式。疾病治疗往往需要“对症下药”，即 *A* 基因突变的症状期望对 *A* 基因的修复来治愈。这项遗传抑制子筛选工作发现 *A* 基因的缺陷可神奇地被 *B* 基因的突变成功挽救。这与运用算法和大数据从“已知”中发现新知的思路迥异，这种探索模式打破了认知的边界，以随机性拥抱原创性（图 3-2-22）。人类基因组的外显子测序鉴定到大量与遗传疾病相关的变异，将这类突变引入模式动物，开展抑制子筛选，有望启示多类所谓“不治之症”的遗传疾病的临床干预。

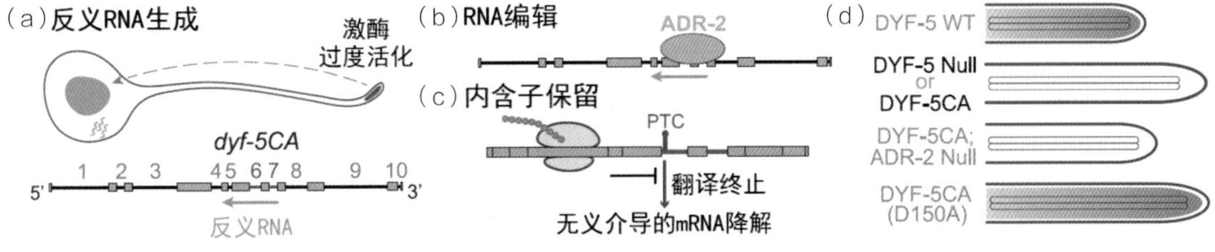

（a）为响应激酶过度活跃，反义 RNA 在细胞核中转录并与激酶前体 mRNA 配对；（b）双链 dsRNA 招募 RNA 脱氨酶编辑激酶 pre-mRNA，改变激酶蛋白序列，破坏激酶 pre-mRNA 剪接；（c）产生的内含子保留产生过早的终止密码子，抑制激酶翻译并激活无义介导的激酶 mRNA 降解；（d）激酶翻译的缺失将生化上过度活跃的激酶转化为细胞内功能丧失形式，表型复制激酶缺失的纤毛

图 3-2-22　RNA 编辑限制过度活跃的纤毛激酶

滨海湿地自然保护地生物入侵研究

在国家自然科学基金（面上项目 31870414，重点项目 41630528、32030067）等资助下，复旦大学生物多样性与生态工程教育部重点实验室贺强教授团队联合国内外多家单位科研人员，聚焦黄、渤海地区面积最大的 7 个滨海湿地自然保护地，通过构建和分析自然保护地及非自然保护地对照区湿地生境变化遥感数据，系统研究了外来植物互花米草入侵对滨海湿地自然保护地保护成效的影响及机制，取得了如下重要成果。

（1）与非自然保护地对照区相比，自然保护地内互花米草入侵速率更快，加剧了原生湿地、关键水鸟栖息地的丧失（图 3-2-23）。

（2）自然保护地内互花米草对光滩、“红海滩”盐沼等原生湿地的直接替代作用更强，且一旦被互花米草侵占，原生湿地通常无法自然恢复。

（3）互花米草入侵还通过“优先效应”等间接作用阻断了保护地内原生盐沼植被在光滩上的发育，这使保护地内大面积重要水鸟栖息地转变为不适于水鸟栖息的“绿色沙漠”。

该研究在国际上首次从大时空尺度揭示了生物入侵对自然保护地保护成效的生态影响及机制，改进了自然保护地能有效抵御生物入侵的国际主流理论。研究成果以“An Invasive Species Erodes the Performance of Coastal Wetland Protected Areas”为题，于 2021 年 10 月发表在 *Science Advances* 上，并被选为封面论文。该研究成果为近期国家印发的《关于进一步加强生物多样性保护的意见》提供科学支撑，为制定 2030 年全球自然保护地目标等提供参考依据。

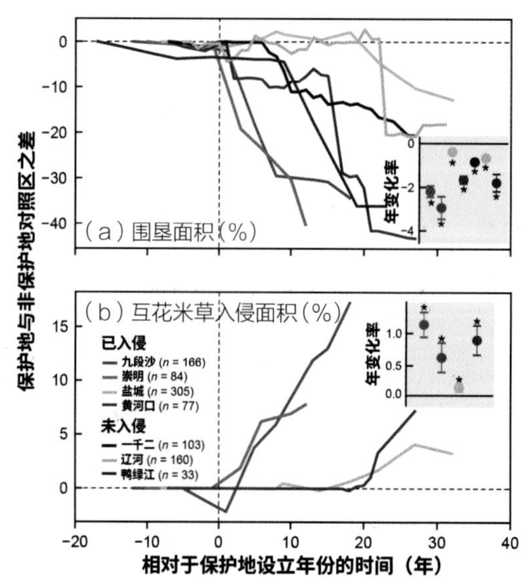

图 3-2-23　所研究的主要自然保护地的围垦与植物入侵趋势

寒武纪大爆发与动物门类起源研究

寒武纪大爆发是地球上已知最为宏伟的两侧动物生命爆发事件。5.4 亿至 5.18 亿年前，地球海洋中突然爆发性地出现了包括脊椎动物在内的几乎所有现生动物的早期祖先代表。苔藓动物门作为地质历史中非常重要的动物门类，通常群体生活，模块化生长，包壳造礁，生态复杂，一直缺乏寒武纪时期的确凿化石记录。而在距今 4.8 亿年的奥陶纪碳酸盐岩地层中，苔藓动物化石却极为丰富，因此被认为是奥陶纪大辐射的产物。

在国家自然科学基金 [重点国际（地区）合作研究项目 41720104002、重大项目 41890844、创新研究群体项目 41621003] 资助下，西北大学地质系大陆动力学国家重点实验室和陕西省早期生命与环境重点实验室张志飞教授带领的冠轮动物课题小组与国内外研究团队合作，在寒武纪大爆发与动物门类起源方面取得重大进展。

研究团队在陕南镇巴县小洋镇小洋剖面灯影组西蒿坪段的碎屑灰岩中，通过酸蚀处理方法，发现了几个毫米级的微体化石（图 3-2-24）。研究表明，这些微体化石代表地球已知最早的苔藓动物（苔藓虫）——门房原始蜂巢虫，它将苔藓动物门的地质历史从奥陶纪前推到寒武纪大爆发早期，将苔藓动物的地质历史前推至少 5 000 万年（图 3-2-25）；苔藓动物适宜在清澈的硬底质环境中生活，从而揭示了泥页岩中保存的特异型化石库中缺乏苔藓动物化石的原因；提出了现代苔藓虫可能起源于群居的祖先类型而不是单体生活祖先（图 3-2-26）。该发现为地球动物树成型和寒武纪生命大爆发提供了新的证据，表明特异型化石的研究并不能完全揭示地球史上生命演化的历史过程，还需要其他化石的约束和补充。

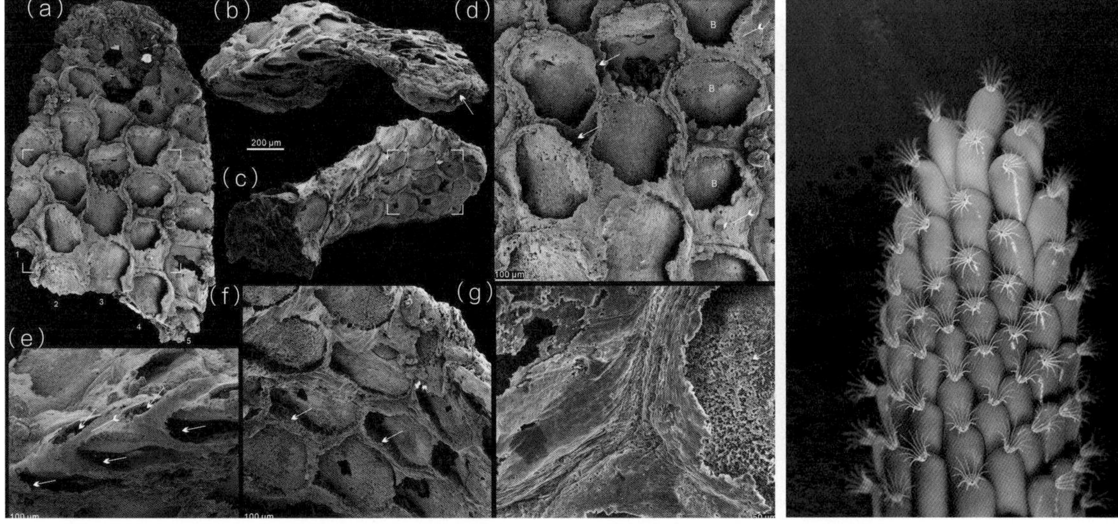

图 3-2-24　苔藓动物——门房原始蜂巢虫化石扫描细节及复原

该成果以“Fossil Evidence Unveils an Early Cambrian Origin for Bryozoa”为题，2021 年 10 月 27 日在线发表于 *Nature*，期刊同期以“Bryozoan Fossils Found at Last in Cambrian Deposits”为题做了专题评论，揭开了苔藓动物门的寒武纪起源之谜，表明该门类在 5.3 亿年前已经出现并参与了地球宜居性演化。

国际地层		华南 滇东			川北	陕南	峡东	南澳 三叶虫带	小壳化石带
寒武系 第二统	第四阶	沧浪铺阶	*Palaeolenus fengyangensis*	乌龙箐组	阎王碥组	天河板组	天河板组	*Redlichia*	
			Palaeolenus lantenoisi			石牌组	石牌组		
			Szechuanolenus-Paokannia-Ushbaspis						
			Drepanuroides	红井哨组 (*Eohadrotreta* sp., *E.* sp.)	仙女洞组	水井沱组 (*Eohadrotreta zhenbaensis*, *E.* sp.)	水井沱组 (*Eohadrotreta zhenbaensis*, *E.* sp.)	*Pararaia janeae* (*Eohadrotreta* cf. *zhenbaensis*, *E.* sp.)	
			云南虫-宜良虫三叶虫带						
	第三阶	筇竹寺阶	莱德利基虫-武定虫三叶虫带	澄江化石	郭家坝组 (*E.* sp.)			*Pararaia bunyerooensis*	*Dailyatia odyssei*
								Pararaia tatei	
			拟小阿贝德虫三叶虫带	玉案山组 (*P. huoi*)	*P. huoi*	西蒿坪段? (*P.* cf. *huoi*, *E. incipiens*)	苔藓虫化石层	*Parabadiella* (*P. huoi*, *E. incipiens*)	
								no trilobite known	*Micrina etheridgei*

图 3-2-25　滇东澄江动物群与陕南灯影组西蒿坪生物地层对比，澄江动物群产出层位始莱得利基虫 - 武定虫化石带，陕南苔藓虫门房原始蜂巢虫产出层位拟小阿贝德虫化石带

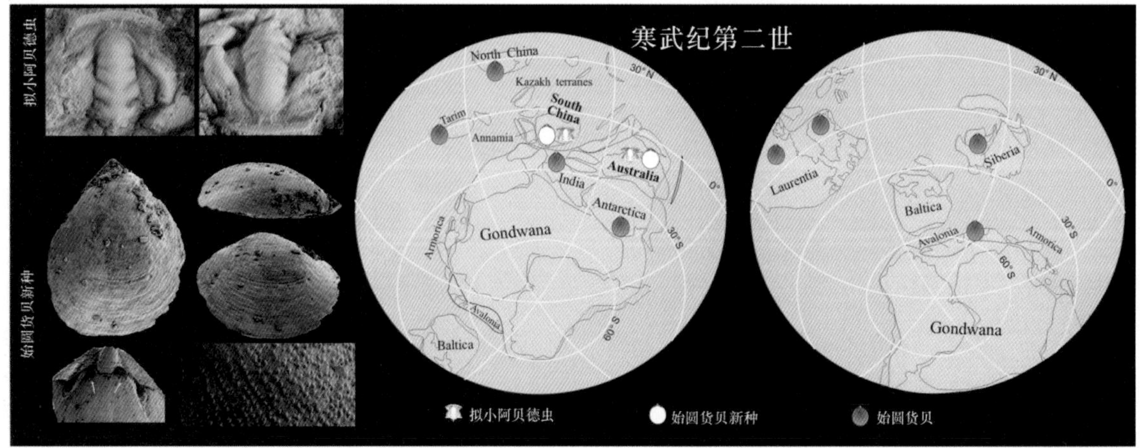

图 3-2-26　陕南镇巴灯影组西蒿坪段赋含的三叶虫拟小阿贝德虫和舌形贝腕足动物始圆货贝，及其寒武纪第二世全球古地理分布

深时造山历史重建

大陆的剥蚀风化为海洋系统输送生命活动所必需的营养元素，但大陆的剥蚀通量很大程度受控于造山带。造山带形成于汇聚型板块边界，由于重力上的不稳定性和极高的剥蚀效率，造山带在地质历史上转瞬即逝，为地质学家研究深时造山活动带来了很大挑战。

在国家自然科学基金（基础科学中心项目 41888101、重大研究计划项目 91755000、面上项目 42073026）等资助下，北京大学地球与空间科学学院的唐铭研究员、沈冰研究员与多伦多大学初旭教授以及中国科学技术大学郝记华研究员合作，用碎屑锆石重建了地球历史亿年尺度上的造山过程，即基于锆石铕异常的地壳厚度指标，获得地球自冥古宙以来的连续造山活动记录，发现地球的造山活动强度在 10 亿年尺度上有显著的波动（图 3-2-27）。即从古元古代末开始，地球陷入了长期的造山衰退，一直到新元古代才逐渐恢复，并在接下来的显生宙保持高度活跃的造山运动。研究者将此波动过程概括为“地球中年的造山沉寂”。

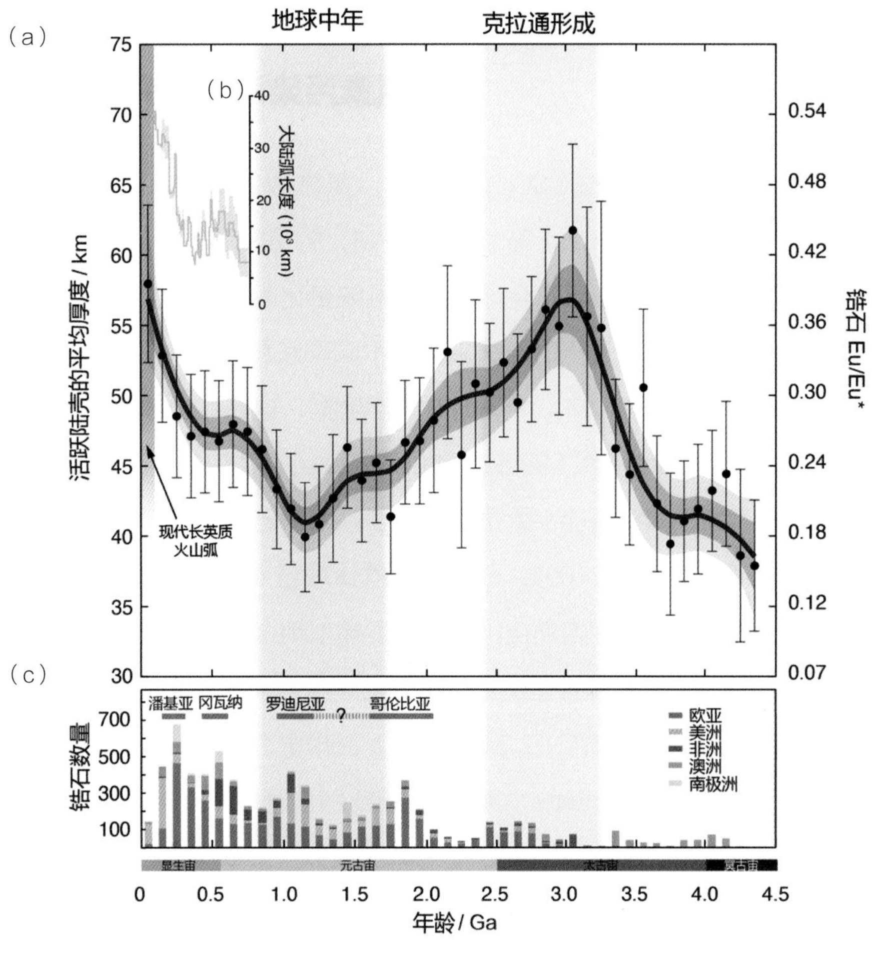

图 3-2-27　基于全球碎屑锆石重建的地壳厚度演化历史

研究发现，地球中年的造山沉寂可能导致大陆风化剥蚀通量的显著下降，严重削减了许多关键营养元素（如磷）的来源，引发元古宙海洋大规模养分缺失，造成生物基础生产力的崩溃。相对 24 亿至 20 亿年前的大氧化时期，元古宙中期海气系统的氧气含量可能出现了显著回落，阻碍了复杂生命的出现，导致地球的生命演化陷入了近 10 亿年的停滞期。

研究工作进一步探讨了地球中年出现造山沉寂的成因。传统观点认为，地球在元古宙经历了哥伦比亚与罗迪尼亚两个独立的超大陆旋回，但是越来越多的证据发现，哥伦比亚超大陆向罗迪尼亚超大陆过渡过程中并没有经历大规模的裂解和重组过程，而是整体上裂而不解。因此，哥伦比亚与罗迪尼亚本质上可以视为一个超大陆旋回。该超大陆的长期存在显著改变了地幔的热结构，降低了大陆岩石圈的刚性，影响板块构造的运作，最终导致造山强度的下降。

研究成果以“Orogenic Quiescence in Earth’s Middle Age”为题，于 2021 年 2 月 12 日发表在 *Science*，该假说可为理解板块构造演化、超大陆旋回、地表营养元素循环和生命演化等重大科学问题提供重要线索。

全球氮素污染治理研究

随着全球二氧化硫（SO_2）的减排，氮排放的影响日益凸显，大气中的活性氮 [氨气（NH_3）和氮氧化物（NO_x）等] 是形成 $PM_{2.5}$ 的重要前体物。由于各国气候条件、人口密度和氮排放的特征差异，很难在全球范围内系统量化 NH_3 和 NO_x 排放对 $PM_{2.5}$ 污染产生的健康效应。因此，亟须一种通用的方法来比较不同国家和地区氮排放带来的健康影响，为全球范围内通过氮素管理控制 $PM_{2.5}$ 污染提供科学依据，这是联合国环境规划署全球氮素管理工作组（International Nitrogen Management System，INMS）关注的重大科学问题。

在国家自然科学基金 [优秀青年科学基金项目 41822701、41922037，重点国际（地区）合作研究项目 42061124001，创新研究群体项目 41721001] 等资助下，浙江大学环境与资源学院谷保静研究员与国内外合作者利用多模型耦合分析，首次开发土壤排放 – 环境质量 – 健康效应 – 减排路径氮素管理模式，建立全球氮素利用与流失标准的成本 – 收益分析方法，发现全球 $PM_{2.5}$ 污染治理中 NH_3 减排比 NO_x 减排更有效。

研究通过建立 N-share（氮素排放的环境质量贡献率）指标，首次在全球尺度上量化了 NH_3 和 NO_x 排放对 $PM_{2.5}$ 的贡献及人体健康效应。研究发现，全球氮排放对 $PM_{2.5}$ 的贡献从 1990—2013 年呈增加趋势，其中，NH_3 排放对 $PM_{2.5}$ 的贡献高于 NO_x。2013 年，氮排放估计造成 2330 万生命年损失，相当于每年因过早死亡导致 4200 亿美元的福利损失。减少全球

NH_3 排放的边际成本仅为 NO_x 的 10%，表明空气污染政策应加大对 NH_3 减排的关注。

该研究为全球未来继续控制 $PM_{2.5}$ 污染提供了路径，为相关政策制定提供了重要的科学依据，对实现联合国环境规划署将全球氮素污染减半的目标具有重要意义。相关成果以"Abating Ammonia is More Cost-Effective than Nitrogen Oxides for Mitigating $PM_{2.5}$ Air Pollution"为题，于 2021 年 11 月 5 日发表在 *Science*。

板块构造演化研究

板块构造是统领地球科学领域的方法论，也是驱动地球演化成为生命星球的关键一级动力。但板块构造的启动与演化过程一直是未解之谜，因此板块构造体制的演化过程一直是国际地球科学领域的研究前沿与热点，是地质学基础理论研究的关键突破口。在国家自然科学基金（重点项目 41730213，面上项目 41972238、42072264 等）资助下，西北大学姚金龙教授、赵国春教授团队以马里亚纳（Mariana）型大洋初始俯冲蛇绿岩为切入点，结合多个地球演化指标，提出在冈瓦纳大陆聚合阶段，发生全球构造联动与现代板块构造体制建立这一新认识。

该研究以青藏高原北缘阿尔金造山带新厘定的～ 520 Ma 马里亚纳型（又称 IBM 型）大洋初始俯冲蛇绿岩为切入点，总结位于冈瓦纳大陆北缘的东亚陆块群所记录的地质事件的时空变化规律，提出原特提斯洋的主洋盆初始俯冲发生在～ 530—520Ma，与冈瓦纳大陆南缘、西缘的同时期俯冲带板片回撤事件相对应，据此提出～ 530—520Ma 发生一期全球范围内的构造联动事件。与此同时，该研究通过对全球已知的同类型蛇绿岩进行时间分布规律总结，结合该型蛇绿岩的动力学成因数值模拟结果，新发现地幔温度下降、板片强度增强是决定该型蛇绿岩形成和板块构造演化的共同关键性因素。因此，现代板块构造的启动与马里亚纳型大洋初始俯冲的出现可能是同步的。该研究进一步综合多项地质认识与岩石圈演化指标，提出早寒武纪是地球历史上里程碑式的俯冲规模、俯冲通量的峰期，标志着全板块尺度深俯冲和现代板块构造体制的建立（图 3-2-28）。此外，该研究进一步根据现代板块构造建立、深俯冲、巨型造山带和大陆风化剥蚀作用之间的内在联系，认为现代板块构造体制的建立是促进晚新元古代—早寒武纪现代地球系统形成的根本驱动力（图 3-2-29）。

相关成果以“Mariana-Type Ophiolites Constrain the Establishment of Modern Plate Tectonic Regime during Gondwana Assembly”为题，于2021年7月7日发表在*Nature Communications*。

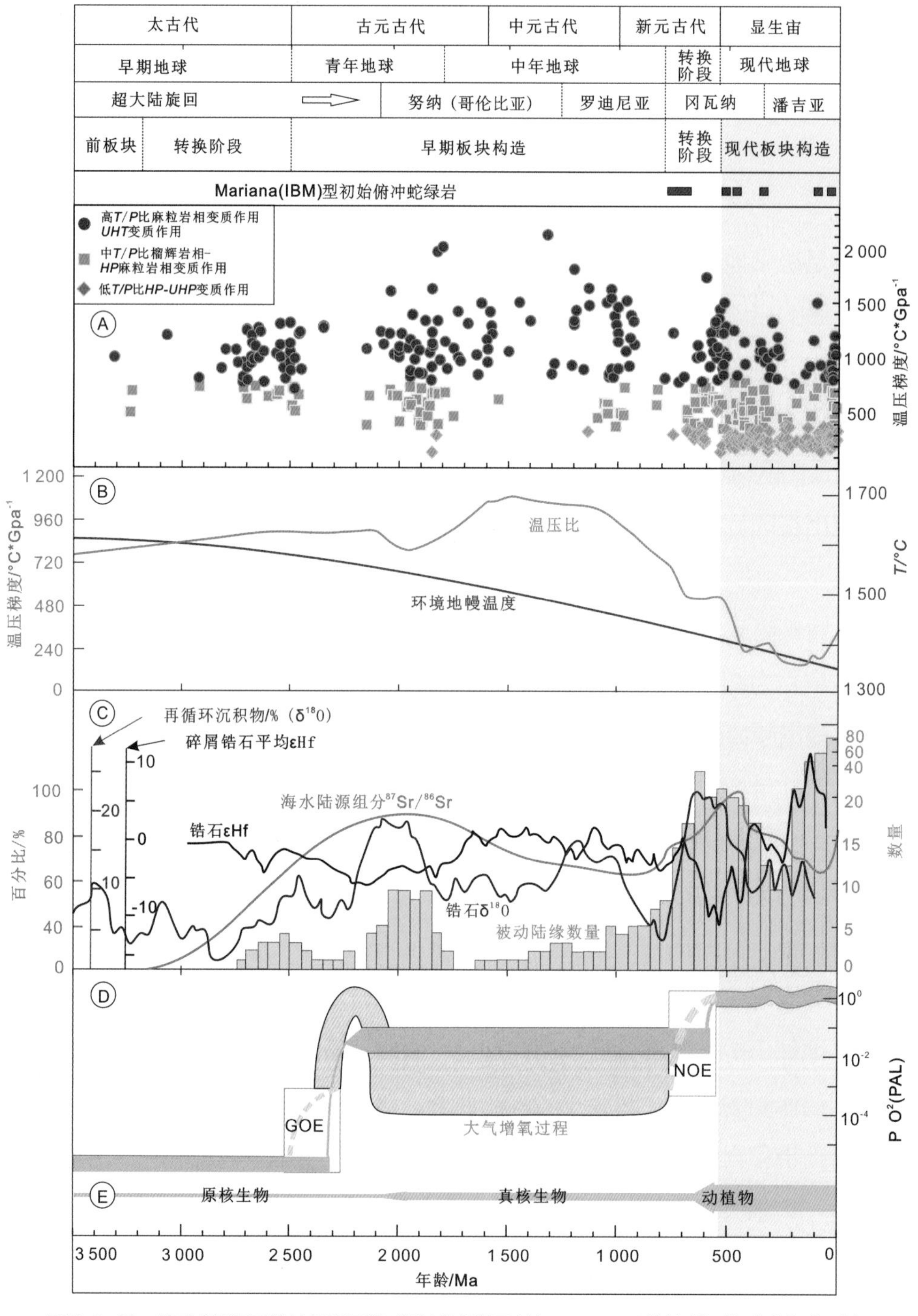

图 3-2-28 地球多圈层系统特征指标随时间演化规律及其与 Mariana 型蛇绿岩时间分布规律对比

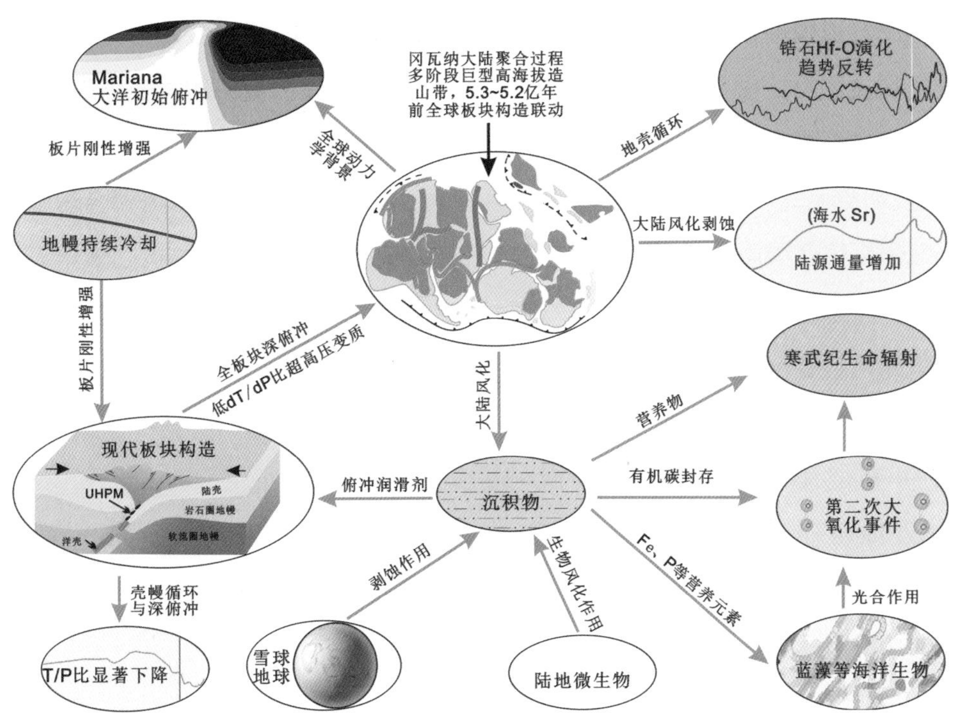

图 3-2-29 现代板块构造体制建立过程及其对地球表生系统驱动机制

自然和人为因子的气候影响研究

气候变化受到气候系统内部固有自然变率和人为辐射外强迫增加的共同影响。如何从观测中有效区分自然和人为因子的贡献，进而可靠地预估未来变化是国际气候变化研究领域关注的前沿问题。

在国家自然科学基金（基础科学中心项目 41988101、面上项目 41775091、青年科学基金项目 41905064）资助下，中国科学院大气物理研究所周天军研究员团队围绕太平洋年代际振荡（IPO）与沃克环流变化的关系及气候增暖与降水变率关系开展研究，取得以下重要进展。

（1）采用大样本气候集合模拟数据，结合观测资料，定量估算外强迫和内部变率在沃克环流增强中的贡献，证明 IPO 位相的转变是 1980 年以来沃克环流增强的主要原因，其贡献要大于人为辐射强迫的作用；未来伴随着 IPO 正位相的恢复，沃克环流将减弱，这将引起南亚季风区和海洋大陆地区降水的减少以及亚马逊西北部地区的变干（图 3-2-30）。该成果对国际上关于“近 40 年沃克环流的增强到底是自然还是人为因子所导致”问题的争论给出了定量答案，提高了针对未来三十年热带大气环流变化及其气候影响预估的准确性，为气候变化应对提供了更可靠的科学依据。

（2）通过数值模拟技术研究了从天气到年际尺度的多尺度降水变率对全球增温的响应，发现在天气尺度到月、季节内和年际等各个时间尺度上，降水变率均将随全球增温而增强，全球增温 1℃将导致全球平均的降水变率增加约 5%。我国大部分地区的降水变化型式属于“更湿润且波动更大”，意味着降水的极端性将增强。降水变率的增加意味着全球增暖正在并将继续令气候系统变得更加多变、降水在时间上的分布更不均匀，这与近二十年来从全球到区域尺度我们所经历的洪涝与干旱事件均频繁发生的事实相一致。该成果有望从气候波动性这一新视角为气候变化的应对工作提供科学依据，使我们更为有效地应对类似近年来频繁出现的极端降水这样的更“多变”的气候。

相关研究成果分别以“A Very Likely Weakening of Pacific Walker Circulation in Constrained Near-Future Projections”和“Increasing Precipitation Variability on Daily-to-Multiyear Timescales in a Warmer World”为题，发表在 *Nature Communications*（2021 年 11 月 11 日）和 *Science Advances*（2021 年 7 月 28 日）。

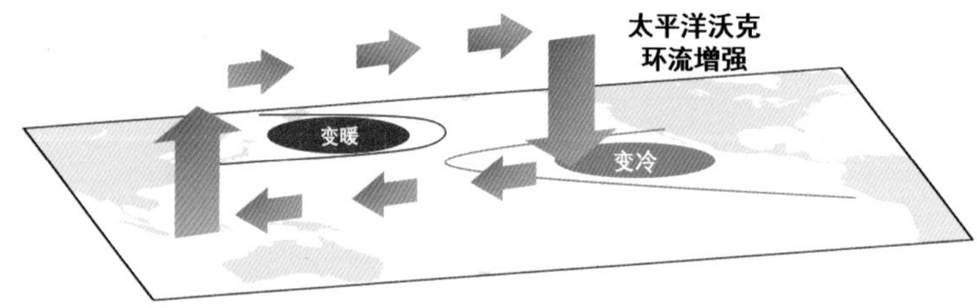

（a）1980—2015 年 IPO 位相由正转负主导了太平洋沃克环流的增强

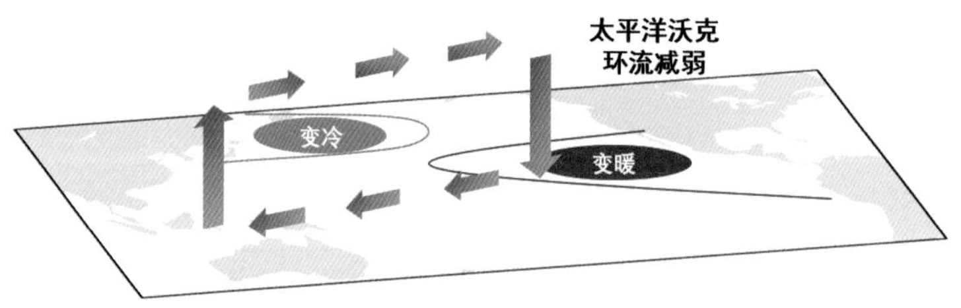

（b）至 2050 年，伴随着 IPO 正位相的恢复，太平洋沃克环流将减弱

图 3-2-30　IPO 位相转变影响太平洋沃克环流强度变化的动力学机制示意

南极冰川均衡研究

冰川均衡调整是固体地球对末次冰期的动力学响应，其研究为探索地幔流变性、热对流、板块构造等研究提供重要的约束。南极地区冰川是影响和指示全球环境变化的重要区域，相比北美和北欧古冰盖区域，建立其冰川均衡调整（Glacial Isostatic Adjustment，GIA）模型更为困难。

在国家自然科学基金（重点项目 41531069）的资助下，武汉大学李斐教授及其带领的中国南极测绘研究中心科研团队，采用多源大地测量数据和多参数联合反演方法，改善了南极冰川均衡调整模型精度，为更全面考虑和有效分离各种因素对南极冰川均衡调整模型的影响提供了新视角。该研究团队提出并实现了在空间域上同时分离出南极冰盖冰川均衡调整、冰雪质量变化和地壳弹性响应的迭代算法，有效剔除了活跃冰下湖对分离结果的影响（图 3-2-31），联合卫星测高、卫星重力、全球导航卫星系统（GNSS）等数据，获得南极大陆高精度的垂向运动速度，提取冰后回弹信号，得到精化后的南极冰盖冰川均衡调整模型，为南极冰盖物质平衡的精确估算提供更为可靠的依据。研究结果表明，南极冰盖总的质量变化为 −46±43 Gt/a，冰雪质量损失最为显著的区域和弹性响应速率最大的区域均位于阿蒙森

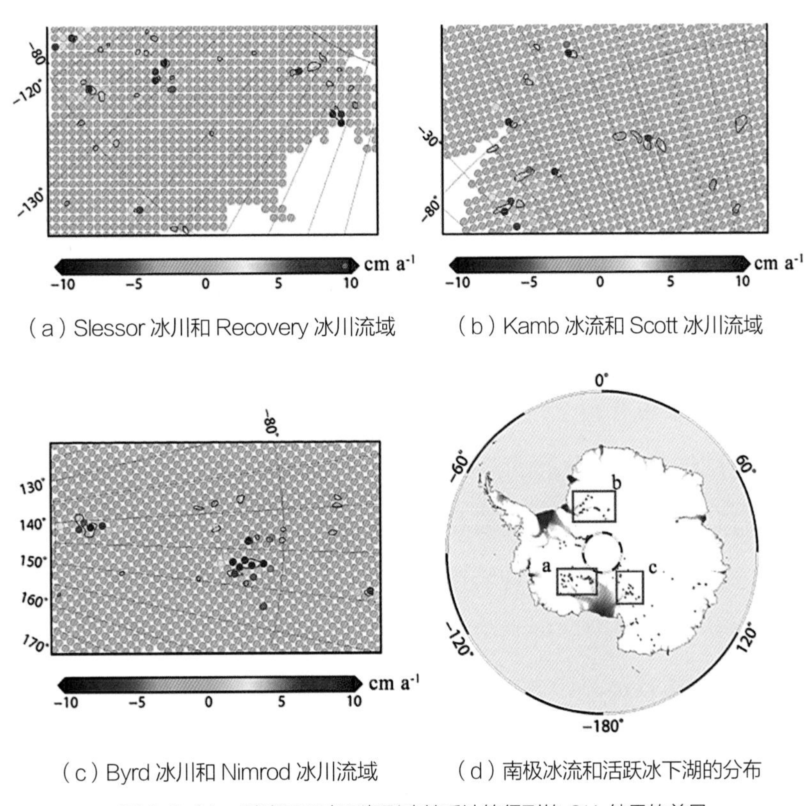

（a）Slessor 冰川和 Recovery 冰川流域　（b）Kamb 冰流和 Scott 冰川流域

（c）Byrd 冰川和 Nimrod 冰川流域　（d）南极冰流和活跃冰下湖的分布

图 3-2-31　剔除活跃冰下湖影响前后计算得到的 GIA 结果的差异

海沿岸和南极半岛北部（图 3-2-32）；南极冰川均衡调整引起的显著地壳抬升集中在阿蒙森海沿岸和南极半岛、地壳下沉位于东南极内陆和阿黛利地。

研究成果分别以“Estimation of Present-Day Glacial Isostatic Adjustment, Ice Mass Change, and Elastic Vertical Crustal Deformation over Antarctic Ice Sheet”和“基于 GPS 测站垂向速度的南极地区冰川均衡调整（GIA）模型分析”为题，于 2017 年 6 月发表在 *Journal of Glaciology* 和《中国科学》等刊物。

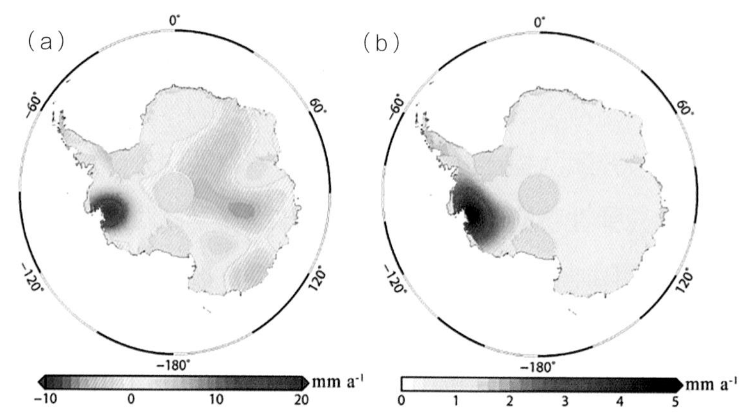

图 3-2-32 （a）联合分离得到的南极冰盖冰雪质量变化；（b）误差分布

高强塑梯度纳米位错结构高熵合金研究

在国家自然科学基金（重点项目 51931010、92163202，优秀青年科学基金项目 52122104）等资助下，中国科学院金属研究所沈阳材料科学国家研究中心卢磊研究员团队与国外合作者在高熵合金综合性能与独特变形机制研究方面取得重要进展，相关研究结果以“Gradient-Cell-Structured High-Entropy Alloy with Exceptional Strength and Ductility”为题，于 2021 年 9 月 23 日在线发表在 *Science*。

长期制约传统金属结构材料发展的“强度 - 塑性”倒置关系在高熵合金中普遍存在，原因是其塑性变形机制往往被认为与传统金属材料并无本质差别。因此，迫切需要借助新颖的微观结构构筑来揭示高熵合金是否具有独特变形机制，以丰富金属材料的有效强韧化策略。针对这一科学难题，研究人员通过一种简单、高效的小角度往复扭转梯度塑性变形技术，保持 $Al_{0.1}CoCrFeNi$ 高熵合金棒材样品中原始晶粒的形貌、尺寸和取向不变的同时，在晶粒内部成功引入百纳米尺度位错胞稳定结构。随着距样品表面深度增加，位错胞尺寸逐渐增加，位错密度随之降低，实现了位错胞结构从样品表面至芯部的梯度序构分布和可控制备（图 3-2-33）。

拉伸结果表明，梯度位错胞结构不仅显著提高材料屈服强度，同时还使其保持良好的塑性和稳定的加工硬化[图3-2-34（a）]。梯度位错结构高熵合金的强塑积－屈服强度匹配明显优于文献报道中相同成分的均匀或梯度结构材料[图3-2-34（b）]。

结合多尺度微观结构表征技术，团队发现高熵合金中梯度位错结构在塑性变形过程中激活了不全位错－层错诱导塑性变形机制。变形初期，亚十纳米细小层错，即从位错胞壁萌生、滑移扩展，其密度随拉伸应变增加而增加，逐渐演变成超高密度三维层错（含少量孪晶界）网格，直至布满整个晶粒[图3-2-34（c）、图3-2-34（d）]。超高密度细小层错/孪晶的形成有效协调其塑性变形、细化初始位错结构、阻碍其他缺陷运动而贡献强度和加工硬化。这一新的层错强韧化机制不同于传统结构材料的全位错强化，与高熵合金中空间波动的低层错能、纳米尺度位错胞结构以及梯度序构效应引起的复杂应力场密不可分。该研究揭示了高熵合金特有的变形机理，也表明简单、易行的往复扭转梯度塑性变形技术可广泛用于梯度结构材料的构筑与制备，具有重要的基础研究和应用价值。

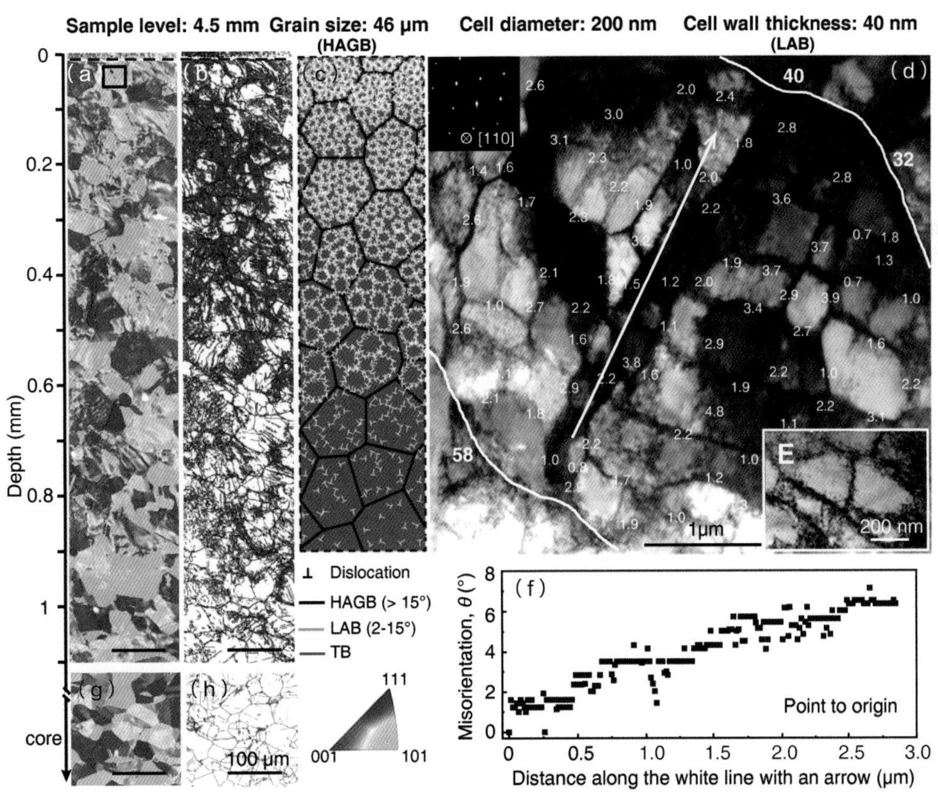

图 3-2-33 $Al_{0.1}CoCrFeNi$ 高熵合金中典型梯度位错结构

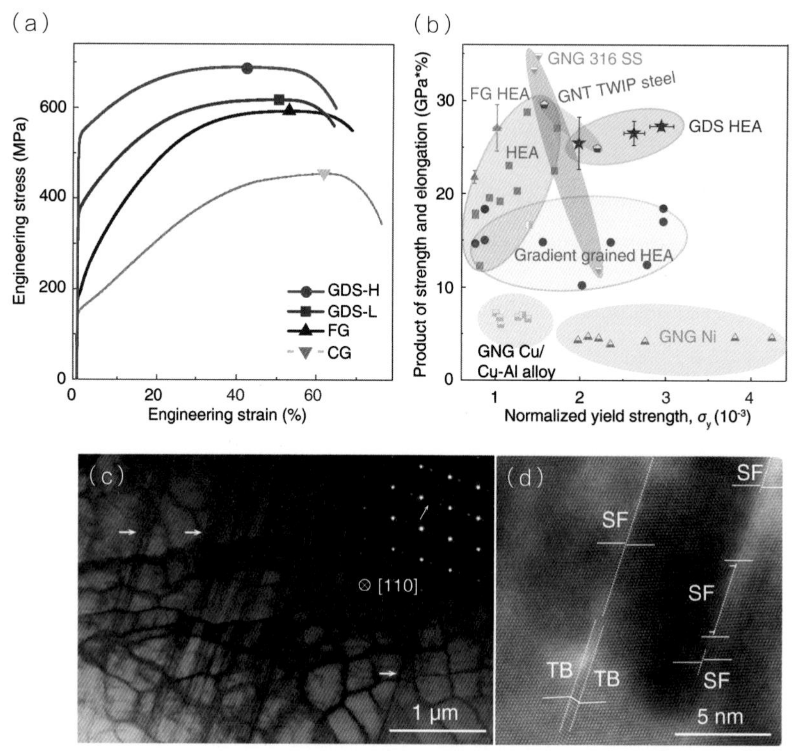

图 3-2-34　梯度位错结构 $Al_{0.1}CoCrFeNi$ 高熵合金的力学性能和变形机制

铁电聚合物中的极性涡旋拓扑研究

在国家自然科学基金（基础科学中心项目 51788104、国家杰出青年科学基金项目 51625202）的资助下，清华大学材料学院南策文教授和沈洋教授团队与合作者在铁电聚合物中的涡旋极性拓扑研究领域取得进展。研究成果以“Toroidal Polar Topology in Strained Ferroelectric Polymer”为题，于 2021 年 3 月 5 日在线发表在 *Science*。杂志同期配发了美国加州大学伯克利分校兰·马丁（Lane Martin）教授题为“Whirls and Swirls of Polarization”的观点评述文章。

铁性序参量在实空间组装而成的涡旋性拓扑物态具有拓扑保护等新奇的物理性质，在可重构电子器件中有巨大的应用前景，是近十年来凝聚态物理领域的前沿和热点，但在柔性铁电材料中尚未见报道。柔性铁电材料聚（偏氟乙烯 - 三氟乙烯）[P(VDF-TrFE)] 的铁电响应长久以来被认为仅来自垂直链偶极随着主链旋转引发的极化，其内部的极性拓扑组装规律以及铁电响应机制仍然有待探明。

团队利用聚合物片状晶体的尺寸限域效应及 P（VDF-TrFE）中独特的自发极化绕链旋

转自由度，通过对铁电聚合物进行熔融结晶处理，在厚度为 100nm 的 P(VDF−TrFE) 薄膜内诱导了横向尺寸达 40μm 的平躺片晶（图 3−2−35）。在该类聚合物片晶中，团队成功观察到了具有显著涡旋序的极性拓扑，并探明片晶中高达 7.3% 的巨拉伸应变导致极性涡旋拓扑产生的机理；发现由涡旋拓扑中连续转动的极化所导致的空间周期性太赫兹吸收现象，并观察到 P(VDF−TrFE) 薄膜在低频率下的弛豫介电响应，揭示了 P(VDF−TrFE) 可沿平行碳链方向表现出显著的铁电极化翻转与压电响应，且微区压电响应展现出了涡旋状的分布特征。

该研究在铁电聚合物材料中观察到一类新颖的极性涡旋拓扑，更新传统的“聚合物铁电响应仅来自垂直链偶极随着主链的旋转”结论，补充铁电聚合物在平行主链方向的极化响应，不仅为聚合物铁电材料中的拓扑物态调控开辟了新的范式，也为柔性电子器件在多场激励下的可重构化提供了全新的设计思路。

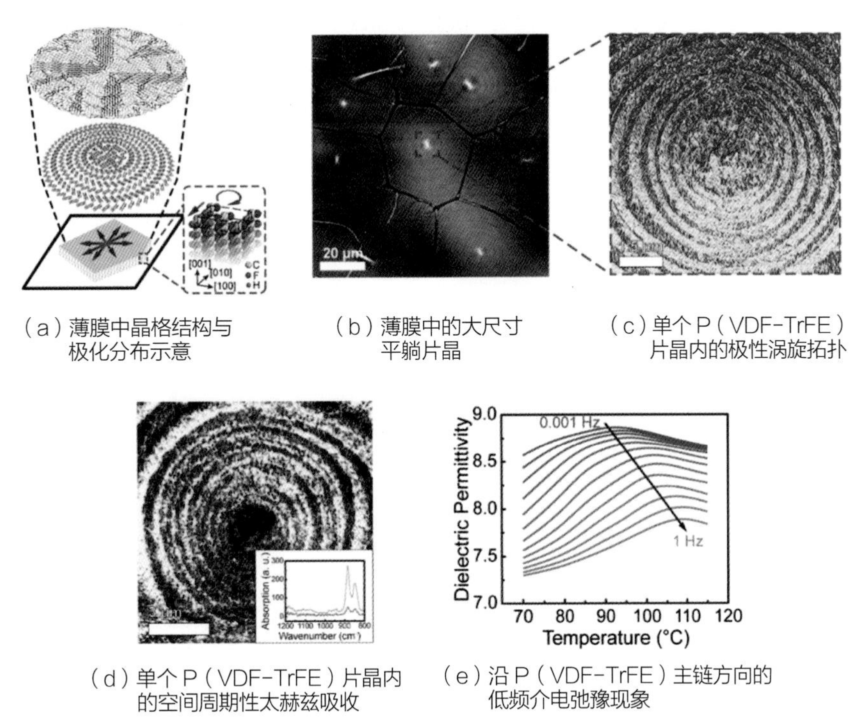

（a）薄膜中晶格结构与极化分布示意

（b）薄膜中的大尺寸平躺片晶

（c）单个 P（VDF-TrFE）片晶内的极性涡旋拓扑

（d）单个 P（VDF-TrFE）片晶内的空间周期性太赫兹吸收

（e）沿 P（VDF-TrFE）主链方向的低频介电弛豫现象

图 3-2-35 具有极性涡旋拓扑的铁电聚合物 P(VDF-TrFE) 薄膜

极端条件下主动热防护基础理论与关键技术

航天飞行器性能的跨越式发展，要求其结构部件须在超高温、大热流、强干扰等极端条件下服役，且结构不变形、质量轻。“防烧毁能力极限与结构质量约束”的矛盾成为制约新一代航天飞行器发展的重要瓶颈。

在国家自然科学基金（创新研究群体项目 51321002、51621062，重点项目 50736003、51536004，优秀青年科学基金项目 51722602）的资助下，清华大学姜培学教授团队从主动冷却结构与流体协同调控强化换热、热防护部件考核测量、热防护系统减重三方面成体系开展创新研究，突破了极端热环境与流体和结构耦合约束基础科学和关键技术问题（图 3-2-36）。研究成果已实现成功应用。

（1）获得极端热环境与复杂热部件结构和冷却流体的耦合传热作用新机制，发明分区调控和发汗 / 冲击 / 逆喷复合冷却技术，研制的热防护部件通过 Ma 6 飞行条件风洞考核。

（2）发明多光谱成像的温度场与瞬态热流分布非接触测量技术，获得强干扰条件下飞行器热部件的非定常温度场和热流分布，抗干扰能力和测量精度优于 NASA 高超声速试验测量技术指标。

（3）发现发汗冷却流体通过毛细作用可自发调控流体流量，发明自抽吸及自适应的发汗冷却方法，克服相变换热不稳定问题，构建了基于相变蒸发与被动复合的大面积热防护结构方案。

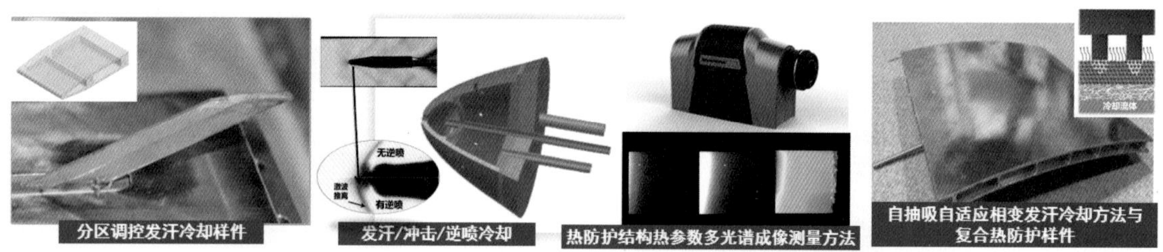

图 3-2-36　航天飞行器极端条件下主动热防护结构示意与关键部件样件

复杂艰险山区高速公路大规模隧道群建设及营运安全关键技术

在国家自然科学基金（国家杰出青年科学基金项目 50925830，联合基金项目 U1134208，青年科学基金项目 51108384、51108287，面上项目 51378434、51578456）的资助下，西南交通大学何川教授团队针对复杂艰险山区大规模隧道群建设及营运期极易发生隧道失稳灾变、营运环境恶化、突发事件失控等安全保障技术瓶颈难题，在复杂艰险山区高速公路大规模隧道群建设与营运安全方面取得重要成果：形成了破碎岩体隧道失稳灾变综合防控技术、高烈度地震区及穿越大型活动断裂带隧道抗震设防技术、大规模隧道群通风照明安全提升技术、大规模隧道群防灾救援联动控制技术等创新性成果（图 3-2-37）。

项目成果技术获得广泛应用，覆盖了我国主要复杂艰险山区的高速公路隧道群。自主研发的联动监控系统直接在线监控 131 条高速公路（含 1158 座隧道）的营运。成果应用在汶川地震极重灾区跨龙门山活动断裂带大规模隧道群，创造了短时间内建成映汶—广甘“高速公路生命线”的奇迹，为灾后重建做出了巨大贡献；成果应用在世界最大规模的三峡库区高速公路隧道群，为三峡库区“高速交通经济走廊”建设，发挥了不可替代的安全保障作用。

项目成果突破了地震活跃区大型活动断裂带破碎岩体建设高速公路隧道群的禁区，开创了隧道群智能联动控制、协同防灾救援新模式，同时也取得了重大的经济效益和社会效益。

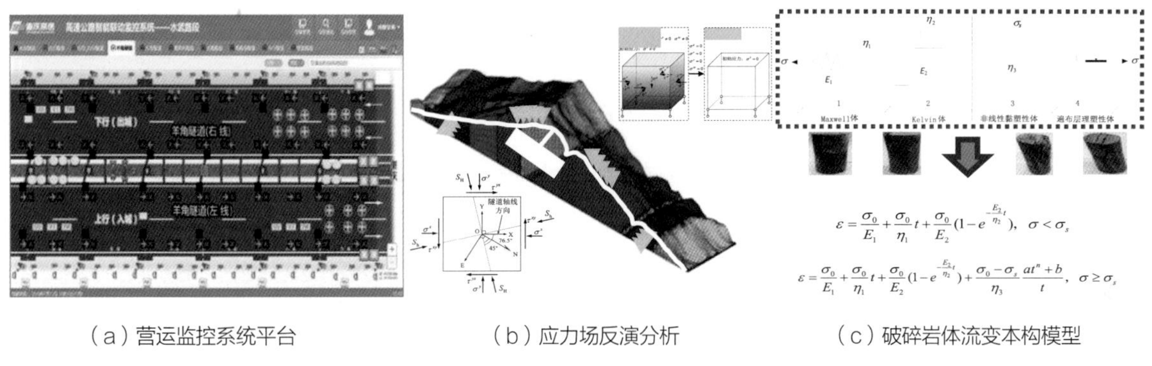

（a）营运监控系统平台　（b）应力场反演分析　（c）破碎岩体流变本构模型

图 3-2-37　复杂艰险山区高速公路大规模隧道群建设及营运安全关键技术

复杂环境深部工程灾变模拟试验装备与关键技术及应用

为深入揭示深部工程的灾害产生条件与灾变演化机理，在国家自然科学基金（国家重大科研仪器研制项目 51327802、重点项目 51139004、青年科学基金项目 50904043）的资助下，山东大学李术才教授领衔的岩土工程中心团队攻克了多场多相复杂地质赋存环境深部工程灾变模拟试验装备研发与应用的关键技术难题，主要创新成果如下。

（1）发明深部工程大型真三维多场耦合物理模拟试验装备系统（图 3-2-38），实现深部工程高地应力与高压水（气）孕灾环境共存的真实物理模拟。

（2）创新发展高地应力与高压水（气）相互作用的流固耦合相似准则和气固耦合相似准则，研发系列化的固液、固气模型相似材料。

（3）发明地质构造精细制作、赋水含气自动生成、模型洞室智能掘进、复杂围岩协同支护、多元信息光电采集等模型试验成套方法技术。

研究成果应用到 50 余项国家重难点工程中，取得了显著的经济和社会效益。技术和装备实现了专利转化和产业化，为国家及省部级重点实验室等单位提供了 20 余套重要试验装备，推动了物理模型试验技术的发展，为深部工程安全建设提供了有力保障。

图 3-2-38　研发的多场耦合真三维物理模拟试验装备系统

离子跨膜传输脱水合机制研究

在国家自然科学基金（重点项目 51738013、面上项目 51978646）的资助下，中国科学院生态环境研究中心曲久辉研究员、胡承志研究员团队与耶鲁大学梅纳赫姆·伊利米勒（Menachem Elimelech）研究组、华东理工大学化学与分子工程学院合作，在水合离子跨膜传输脱水合机制研究方面取得进展。相关成果以“In Situ Characterization of Dehydration during Ion Transport in Polymeric Nanochannels”为题，于 2021 年 8 月 25 日在线发表在 *Journal of the American Chemical Society*。

纳米通道内水合离子的传输现象普遍存在于生物系统和膜分离应用中。阐明水合离子在限域传输中与膜孔之间的结构匹配机制，对提高离子选择性、优化膜分离效率至关重要。然而，由于缺乏可靠的原位表征方法，人们对水合离子在纳米通道传输中的结构转化机制知之甚少，这阻碍了离子限域传输和分离的原理认知和技术进步。

团队将飞行时间－二次离子质谱（ToF-SIMS）与微流控过滤装置耦合，首次实现了水合离子跨膜传输过程中脱水合现象的原位观测（图 3-2-39），并揭示了水合离子纳滤限域传输过程中的微观传输机制（图 3-2-40）。研究结果表明，水合钠离子 $(H_2O)_nNa^+$（n=1 ～ 6）在体相溶液中，水合数分布呈现以 $(H_2O)_3Na^+$ 为优势形态的类正态分布。当溶液 pH 值增大时，电荷屏蔽效应将导致 $(H_2O)_nNa^+$ 水合分布向小水合方向偏移，优势形态转变为 $(H_2O)Na^+$。而经过聚酰胺纳滤膜 NF 90 截留，水合数大于 2 的水合钠离子比例显著下降，$(H_2O)Na^+$ 及 $(H_2O)_2Na^+$ 成为优势形态，平均水合数从 3.03 减少至 1.86（图 3-2-39），这是首次从实验角度证实了孔道尺寸效应所引起的离子脱水合现象。

该方法和发现是离子跨膜传输研究领域的重大突破，在离子分离、生物传感和电池应用等方面具有重要应用价值和指导意义。

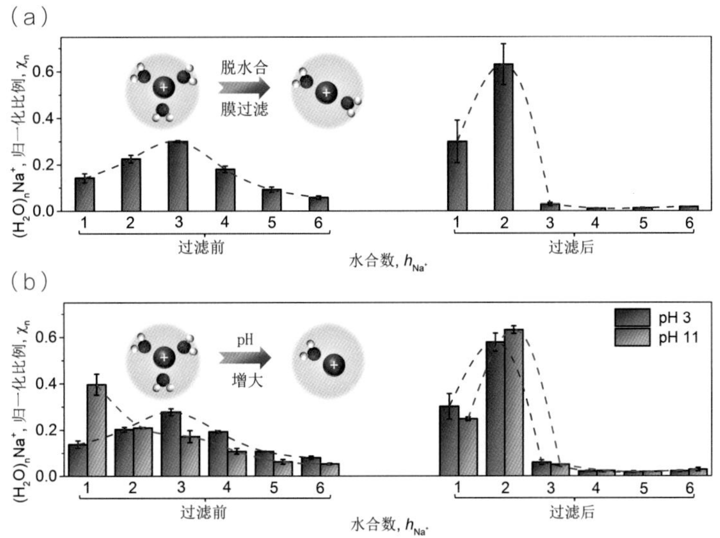

图 3-2-39　NaCl 溶液经聚酰胺纳滤膜 NF90 过滤前后 h_{Na+} 分布的变化

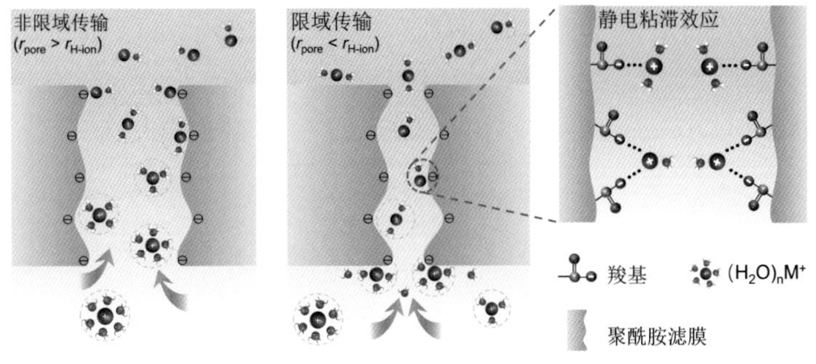

图 3-2-40　水合离子在聚酰胺滤膜纳米孔道内的传输机制示意

基于同质架构的存储 – 计算一体化器件

易集成、高算力、高能效的神经形态计算硬件是大数据、物联网、人工智能等领域的迫切需求。设计新型外围信号处理模块，优化硬件制造工艺，发展基于同质器件架构的存储阵列模块和外围信号处理模块，提高模块集成兼容性及满足阻抗高度匹配，是实现高算力、高能效的关键。

在国家自然科学基金（面上项目 61974050）等资助下，华中科技大学叶镭、缪向水教授团队与中国科学院上海技术物理研究所胡伟达研究员等合作，基于二维材料与铁电衬底近邻耦合物理机制，发展同质晶体管 - 存储器架构，在存储 - 计算一体化神经形态计算硬件领域取得如下新进展。

（1）通过铁电近邻对二维材料的空间掺杂，实现新型结型晶体管设计和制备。基于精准铁电畴空间极化设计，构建出集成运算放大器电路，实现高集成、高信噪比、低功耗的外围信号处理模块。

（2）基于上述结型晶体管，通过铁电畴极化翻转调控结区内建势垒，实现非易失、高能效、高一致性的多级存储器阵列。

（3）通过相同的器件结构，简化硬件集成制造工艺，解决模块集成兼容性和阻抗匹配难题，实现存储阵列模块和外围信号处理模块的高效集成。基于集成化的神经形态计算硬件，实现神经网络二值分类算法（图 3-2-41）和新型三态内容寻址存储器单元设计，证明实际应用的可靠性。

研究成果以“2D Materials-Based Homogeneous Transistor-Memory Architecture for Neuromorphic Hardware”为题，于 2021 年 9 月发表在 *Science*。研究工作为解决模块集成兼容性差、阻抗不匹配导致的集成度、算力、能效受限问题提供了新思路，推动了高性能神经形态计算芯片的设计、制造和实际应用。

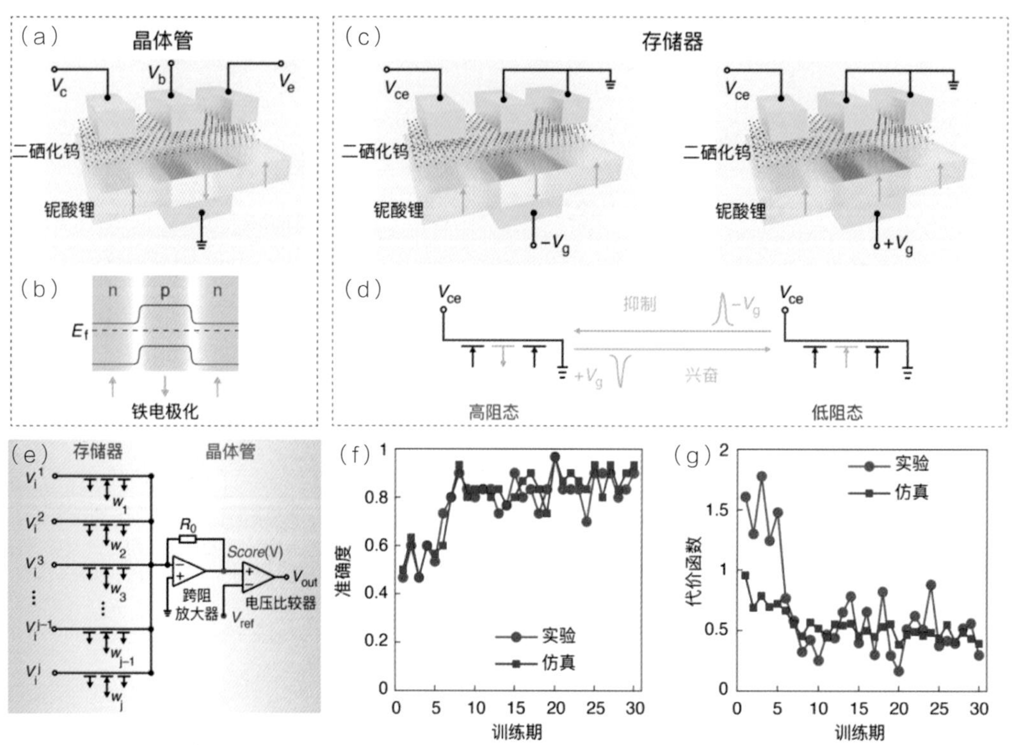

图 3-2-41　基于二维材料的同质晶体管 - 存储器

三维形变场测量雷达为滑坡机理和预警研究提供新装备

在国家自然科学基金（国家重大科研仪器研制项目 61427802、国家杰出青年科学基金项目 61625103）支持下，北京理工大学曾涛教授团队成功研制出多基地 MIMO 雷达差分干涉测量分析仪器，在国际上率先实现边坡三维形变场高精度快速遥感测量，成功将地基干涉雷达形变测量能力从一维提升至三维，测量速度提升一个数量级，为滑坡机理研究和滑坡预警提供新的监测手段。

团队围绕滑坡机理和临滑预警对边坡三维形变场的测量需求，提出了多角度地基干涉雷达三维形变场测量新原理，研制出多基地 MIMO 雷达差分干涉测量分析仪器（图 3-2-42）。提出 MIMO 地基干涉雷达阵列设计、宽带通道校准、快速成像新方法，实现了从机械扫描成像到电子扫描成像的换代升级，测量速度较现有设备提升一个数量级；提出自适应门限匹配与多维特征聚类的高质量永久散射点选择方法和时空变大气扰动误差补偿方法，解决了欠相干条件下干涉测量性能下降难题；提出基于 DEM 辅助和特征点匹配的多角度雷达图像配准方法与基于最优化理论的三维形变场反演方法，实现了三维形变场的高精度测量。

研究工作获授权国家发明专利 20 余项，4 项已转化应用，支撑了两代国产边坡雷达产品研发，到 2021 年，仪器已在四川、福建、甘肃、河北等地部署 50 余套，应用于山体滑坡监测、矿山边坡监测、地质灾害应急救援等领域，仪器应用初具规模，打破国外同类型产品的技术和价格垄断，在桥梁、建筑物安全监测领域有广阔应用前景。

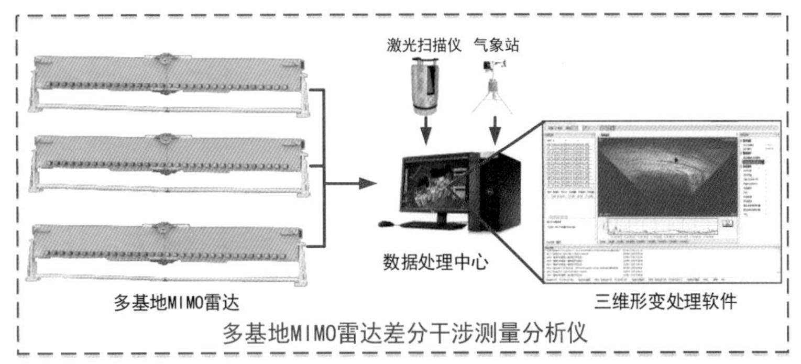

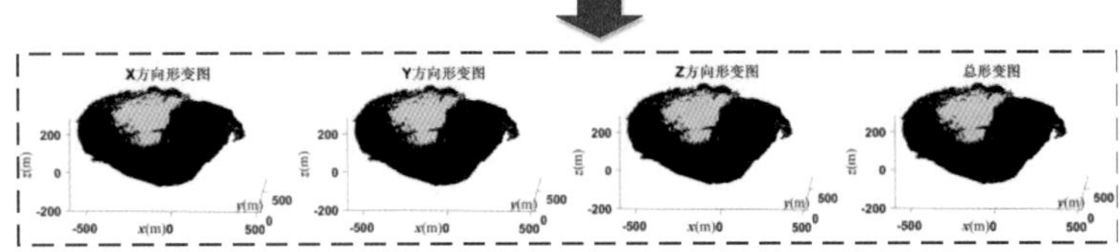

图 3-2-42　多基地 MIMO 雷达差分干涉测量分析仪工作原理示例

真实感图形的并行绘制理论与方法

在国家自然科学基金（国家杰出青年科学基金项目 60825201、面上项目 61272305、重大项目 61890954）等资助下，浙江大学周昆教授团队率先开展面向 GPU 架构的真实感图形实时计算研究，发现三维空间层次数据结构的分解重组规律，首次构建数据并行的 GPU 空间层次数据结构，揭示真实感图形绘制计算模型的解耦机理，提出动态场景的预计算实时绘制算法，首次创建全 GPU 运行的真实感图形绘制流水线，开拓从 CPU 到 GPU 的真实感图形绘制新方向（图 3-2-43）。

周昆教授因项目成果获得陈嘉庚青年科学奖、科学探索奖、MIT TR35 Award 等国内外重要奖项，入选 ACM 和 IEEE Fellow。部分成果于 2021 年获得国家自然科学奖二等奖。图灵奖获得者、斯坦福大学帕特·汉拉恩（Pat Hanrahan）教授以及来自微软、英特尔等机构的研究人员联合署名论文评价该项目成果“将真实感图形绘制的整个流水线映射到了 GPU”，IEEE Fellow、加州大学戴维斯分校约翰·欧文斯（John Owens）教授评价项目研制的绘制引擎性能比主流商业软件提高了一个数量级，陈嘉庚青年科学奖评价项目成果首次展示了以交互级速度实现电影级真实感图形绘制的可行性，引领了学术界基于 GPU 的真实感图形并行绘制的研究方向。

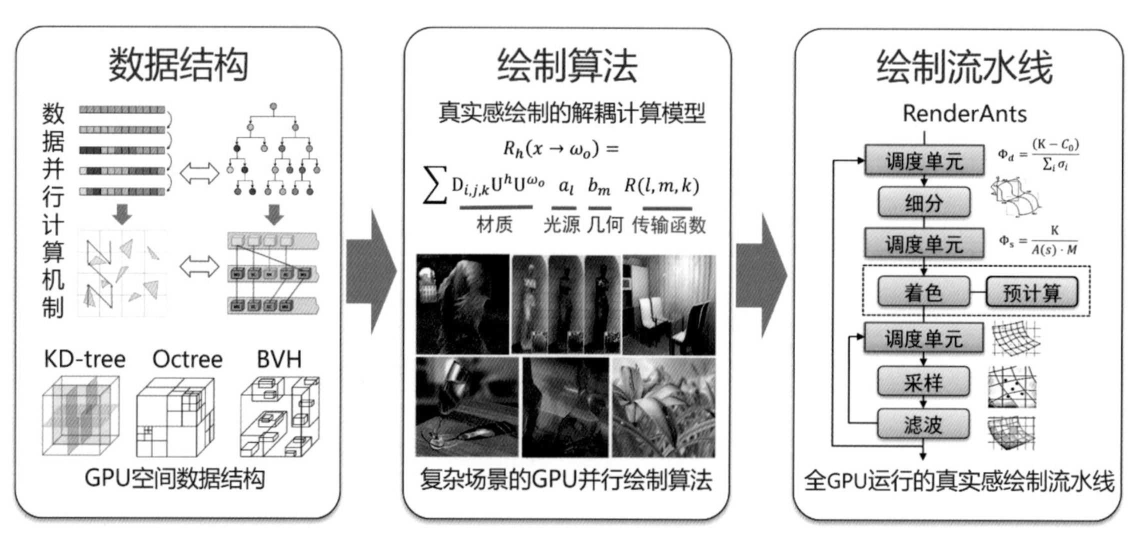

图 3-2-43　真实感图形的并行数据结构、绘制算法和绘制流水线

复杂生化反应过程的智能建模研究

在国家自然科学基金（基础科学中心项目 61988101，国家杰出青年科学基金项目 61725301，面上项目 62073137、61973119）等资助下，华东理工大学能源化工过程智能制造教育部重点实验室成员曹志兴教授和英国爱丁堡大学拉蒙·格里马（Ramon Grima）教授合作，在复杂生化反应过程的智能建模方向取得突破性进展，研究成果以“Neural Network Aided Approximation and Parameter Inference of Non-Markovian Models of Gene Expression”为题，发表在 *Nature Communications*。该成果获得 2021 年世界人工智能大会青年优秀论文提名奖。

过去二十年，单细胞实验技术飞速发展，随机动态建模为探究基因表达噪声如何影响细胞动态提供了崭新的视角。然而，细胞内生化反应的反应物众多、反应类型复杂，构成了维度灾难，导致其随机动态表征解析困难。对此，该研究工作将基因转录过程众多基本反应等效成一个时滞反应，并采用时滞化学主方程式（Delay Chemical Master Equation，Delay CME）进行表征。针对时滞化学主方程式包含双时刻概率分布导致的方程无法闭式求解的难题，研究人员采用机理数据深度融合的思想和微分机器学习方法，提出将双时刻概率分布项用神经网络进行马尔可夫近似（图 3-2-44），获得神经网络主方程式（Neural Network Chemical Master Equation，NN-CME），使其仅依赖于当前时刻的概率状态，从而闭合方

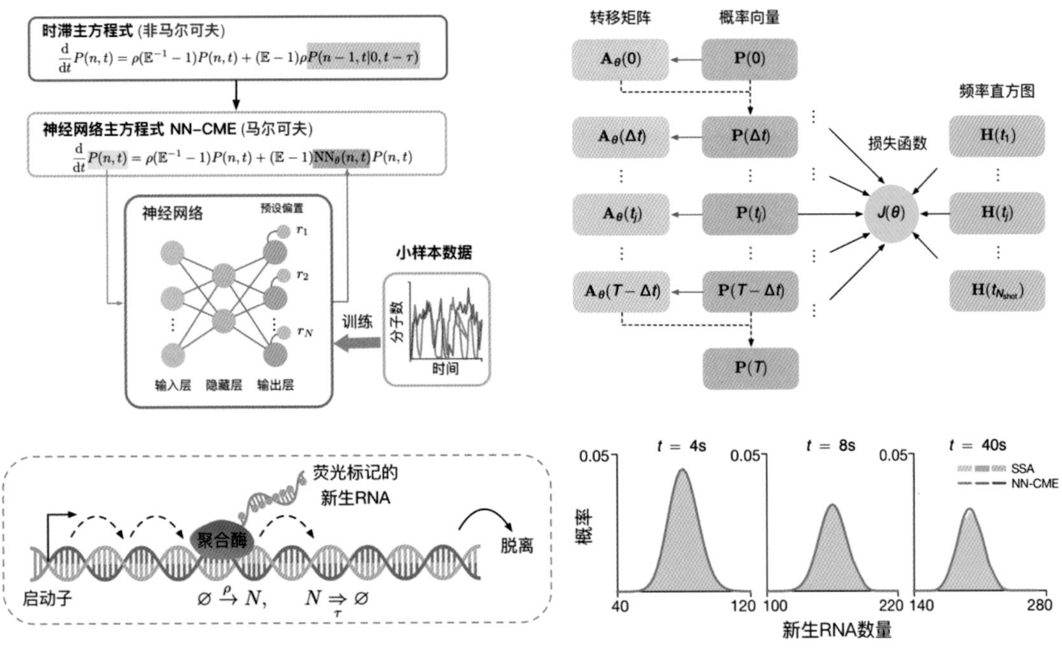

图 3-2-44　神经网络主方程式实现基因转录过程非马尔可夫模型解析主要技术路线

程，进而可以直接通过有限状态映射方法进行求解。

研究结果表明，相较于传统的蒙特卡洛模拟算法，NN-CME 方法在不牺牲建模精度的前提下，能提高 6 倍计算效率，降低数据依存度至 1/30，为后续进一步高通量分析实验数据和揭示基因调控机制奠定了理论基础。研究结果还表明，NN-CME 方法具有很强的发现生化反应动力学规律的能力和高精度的动力学参数推断能力。该方法的提出为通过机理数据融合来实现小样本机器学习提供了新的范式。

太赫兹雷达高分辨率高帧率成像技术研究

太赫兹雷达具有波长短、带宽大的特点，具备高分辨率、高帧率成像潜力，作为一种新型的探测传感器，能与可见光、红外、激光以及微波雷达等探测设备形成优势互补、相互协作，共同提高探测设备的环境适应性和综合效能。但要真正实现上述目标，仍需解决诸如孔径非规则破碎严重、功率资源极度受限、高帧率成像时空时畸变严重等问题。

在国家自然科学基金（面上项目 61271287、61371048、61771116、61971104）等资助下，电子科技大学雷达探测与成像技术团队杨晓波、闵锐和张波等，围绕太赫兹雷达高分辨率高帧率成像开展了深入研究，在构建雷达目标细节可辨识分辨能力以及将获取雷达图像升级为获取雷达视频能力等方面取得如下重大进展。

（1）提出一种太赫兹小转角空间高分辨雷达成像方法，利用孔径与目标回波的拟合模型，自适应匹配成像孔径与目标散射特性，解决合成孔径非规则破碎严重条件下高分辨成像难题，实现目标细节可辨识的太赫兹雷达高分辨率成像（图 3-2-45）。

（a）飞机模型

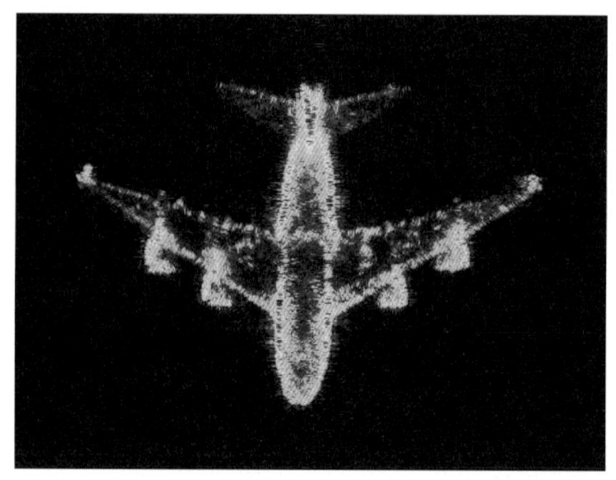

（b）成像结果

图 3-2-45　飞机模型的太赫兹雷达高分辨率成像结果

（2）基于全自主研发的三维半导体电磁模型、器件和电路，突破太赫兹全固态高功率低噪声相参收发技术，解决太赫兹固态前端面临的器件模型精度差、发射功率低、接收噪声高、传输损耗大、集成困难等难题，实现在功率资源极度受限条件下较好的成像效果（图 3-2-46）。

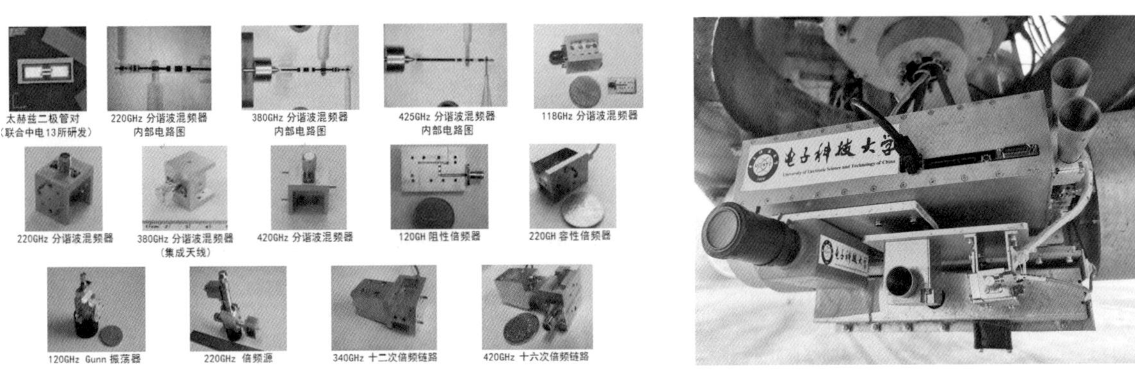

（a）系列化太赫兹频段关键器件　　（b）太赫兹雷达成像系统

图 3-2-46　系列化太赫兹频段关键器件及系统实物

（3）提出一种太赫兹低失真高帧率雷达信号处理技术，解决太赫兹雷达高帧率成像空时畸变严重的难题，实现对地面动目标进行检测与跟踪的视频级成像。

上述研究成果于 2021 年获国家技术发明奖二等奖 1 项，从成像方法、核心器件、处理技术等方面，系统解决太赫兹雷达在目标精细成像和地面动目标探测等重大应用中亟须解决的核心基础技术难题，构建从模型、器件到系统与方法的全自主知识产权技术体系，对我国太赫兹技术发展起到了重要推动作用。

基于光学轨道角动量的多维信息复用技术

自从发现光子携带的轨道角动量（Orbital Angular Momentum，OAM）可以作为复用的新维度以来，利用相位涡旋光场开发光子轨道角动量的复用技术方兴未艾。由于纳米尺度下光子轨道角动量的操控和复用与宏观尺度（如自由空间）及光纤中截然不同，揭示深亚波长尺度下 OAM 光场与物质相互作用的新机制并探索复用新技术，是发展下一代光子器件亟待解决的关键难题之一。

在国家自然科学基金（优秀青年科学基金项目 61522504、重大研究计划项目 91750110）

等资助下，暨南大学李向平教授团队与合作者们在多维光学轨道角动量信息复用方面取得如下进展。

（1）通过研究 OAM 光在非傍轴聚焦条件下焦斑体积中偏振椭圆的长轴空间取向与 OAM 光拓扑荷的依赖关系，揭示由 OAM 光场拓扑荷导致颗粒吸收差异形成的螺旋二色性（Helical Dichroism，HD）物理现象。

（2）将紧聚焦 OAM 光束作用于自组装金纳米颗粒，利用颗粒之间的电磁耦合作用，使其同时具有包含轨道角动量、偏振、波长的多维光敏响应。

（3）基于激光作用下金纳米颗粒的光热形变效应，在纳米尺度上实现六维（轨道角动量、波长、偏振和三维空间）光信息复用（图 3-2-47），提高光信息复用技术的容量与安全性。

研究成果以“Synthetic Helical Dichroism for Six-Dimensional Optical Orbital Angular Momentum Multiplexing”为题，于 2021 年 12 月发表在 *Nature Photonics*。研究工作为开发光的 OAM 维度以控制光与物质的相互作用开辟了新途径，在大容量信息存储和光学加密等相关领域具有重要应用前景。

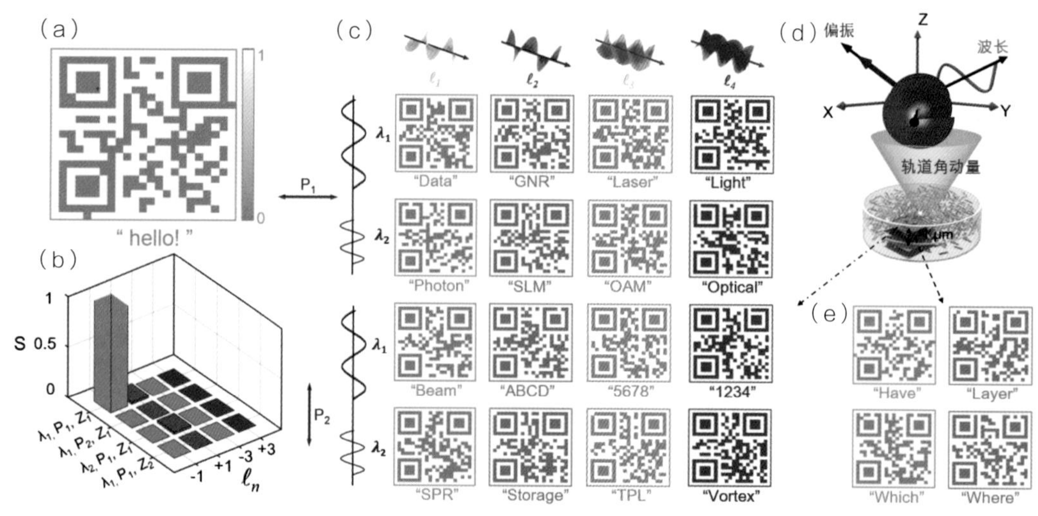

图 3-2-47　基于光学轨道角动量的六维信息复用

经济信息安全背景下审计行业做大做强战略的理论机制及实施成效研究

审计作为经济监督体系的核心组成部分，在促进资本市场高质量发展和保障国家经济健康运行方面具有重要作用。

在国家自然科学基金（重大研究计划项目 91746117，重点项目 71632006、72032003）

的资助下，上海财经大学何贤杰教授团队对我国会计师事务所做大做强战略的理论机制和实施成效进行深入研究（图 3-2-48、图 3-2-49），并取得了以下重要创新成果。

（1）评估我国会计师事务所合并政策的影响效应，深化对事务所做大做强战略成效的认识。研究发现，与对照组相比，事务所审计的非专长行业客户的财务错报概率较合并前显著降低，表明事务所的合并使审计质量得到明显提升。

（2）揭示会计师事务所合并提升审计质量的内在机理，为推进事务所做大做强战略提供有力抓手。研究发现，会计师事务所合并打破了组织壁垒，促进了审计师之间的沟通和行业知识分享，进而改善了审计质量。

（3）挖掘会计师事务所的内部组织特征，强化事务所合并提升审计质量的内在逻辑。研究发现，当事务所合并双方具有较高的文化相似性或地理邻近性时，合并后审计师之间的沟通会更加频繁和紧密，对审计质量的提升效果更明显。

上述研究成果在国际会计学界得到广泛关注和普遍认可，相关论文 2021 年 7 月在线发表于 *The Accounting Review*。该研究成果为我国审计行业进一步实施和优化做大做强战略、促进经济高质量发展提供了坚实的理论和实证支撑。

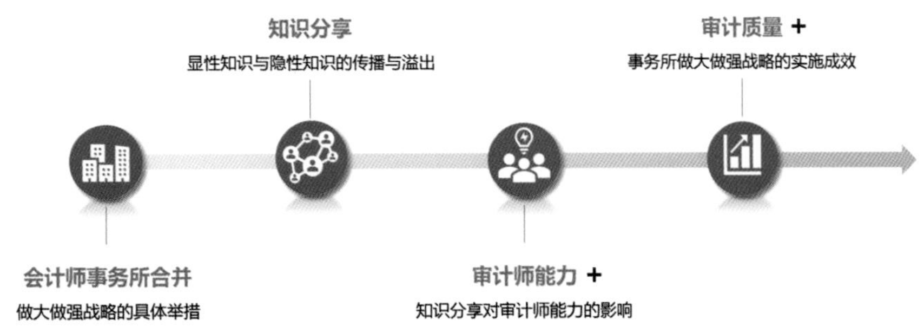

图 3-2-48 会计师事务所做大做强战略的理论机制

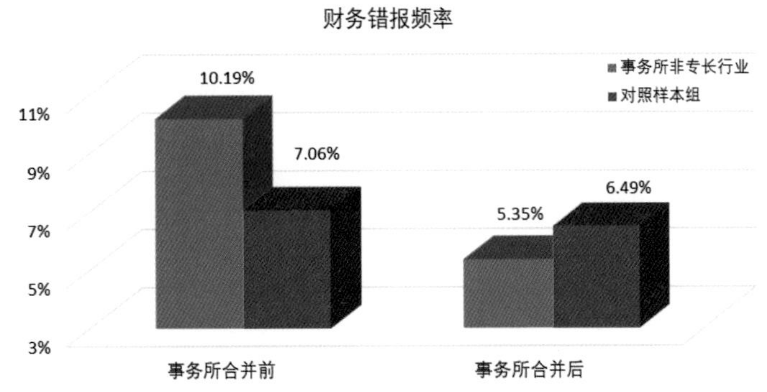

图 3-2-49 会计师事务所合并前后财务错报变化（财务错报表示经审计的财务报告仍出现重大错报需要更正，该频率越小表明审计质量越高）

生态系统服务付费机制评估研究

在国家自然科学基金（面上项目 71773003）资助下，北京大学现代农学院中国农业政策研究中心侯玲玲研究员联合国内外学者，在生态系统服务付费机制评估方面取得重要进展。研究成果以“Grassland Ecological Compensation Policy in China Improves Grassland Quality and Increases Herders’ Income”为题，2021 年 8 月 3 日以 Research Article 在线发表于 *Nature Communications*。

作为环境管理工具之一，生态系统服务付费机制（Payment for Ecosystem Services，PES）受到越来越多学者和政策制定者的关注。PES 是指由生态系统服务的使用者向生态系统服务的提供者支付相关费用，构建一种使生态系统服务可交易的机制。随着生态环境问题日益突出，不少国家开始采用 PES 来解决生态环境问题。尽管 PES 具有坚实的理论基础，但在实践中的效果尚不明晰。

我国越来越重视生态环境保护问题。我国草原面积约占陆地面积的 40%，是最大的陆地生态系统。为提高草地质量和增加牧民收入，我国从 2011 年开始实施草原生态保护补助奖励政策（以下简称“生态补奖政策”），实施范围从第一期（2011—2015 年）的 8 个省（自治区）拓展到第二期（2016—2020 年）的 13 个省（自治区），中央财政投入从 773.6 亿元增加到 938 亿元。据了解，这是目前为止世界范围内覆盖面积最广、惠及人数最多、投入资金力度最大的 PES 项目。

该研究结合遥感数据、县级统计数据和农牧户实地调研数据，系统评估了该政策的实施效果。研究表明，生态补奖政策在一定程度上改善了草地质量，促进牧民增收的效果尤为突出。农牧民在获得生态补奖资金后，一定程度上改变了放牧行为，草地质量得以改善。研究也指出，由于 PES 自身的特点，生态补奖政策也会使相对富裕的农牧民获得更多的生态补奖资金，影响贫富收入差距。针对该政策实施中可能存在的问题，研究还建议采用遥感数据和无人机等先进技术加大监管力度，在现有基础上不断完善补偿标准、设置配套措施因地制宜地推进草原生态补奖政策。研究不仅系统评估了生态补奖政策，为进一步完善生态补奖政策提供决策参考；更重要的是，还向世界介绍了中国在生态环境保护方面的努力和实践经验，有利于推进全球可持续发展。

复杂约束条件下公平有效分配机制研究

在国家自然科学基金（重点项目 72033004、优秀青年科学基金项目 72122009）资助下，南京审计大学社会与经济研究院张军教授与美国加州理工学院的费德里科·埃切尼克（Federico Echenique）教授、西班牙巴塞罗那自治大学的安东尼奥·米拉莱斯（Antonio Miralles）教授合作，对设计公平有效的分配机制及其在复杂约束条件下市场设计问题中的应用开展原创性探索。研究成果以“Constrained Pseudo-Market Equilibrium”为题，于 2021 年 11 月发表在 *American Economic Review*。

该研究通过发展经典的虚拟市场机制解决复杂约束条件下的分配问题。虚拟市场机制模仿传统的价格机制，通过赋予参与者虚拟货币，创造虚拟的价格市场，让参与者在市场上“购买”效用最大化的资源，找到均衡分配。在均衡中，每个参与者最大化了效用，实现了资源的有效分配，同时因为所有参与者被赋予相同的预算，故也实现了资源的公平分配。

该研究创造性地提出对复杂约束条件下可行分配集合的线性不等式边界进行定价，定义了新的虚拟均衡，并且从数学上证明了均衡的存在性。该研究的方法可用于解决多个现实问题，包括对医生和教师岗位分配中的地域分布约束问题、高等学校招生中对生源分布的约束问题、疫情期间政府对于公共医疗资源的分配问题、公共职责和岗位任务的分配问题等。该研究的方法还为合作博弈中的联盟形成提出了一个新的解的概念。

探索供应链管理科学难题

供应链在制造业中处于牵一发而动全身的重要地位，而面向中国制造业供应链的管理研究和算法建设欠缺精度、可解释性和实验验证，导致其理论难以在企业推广应用。

在国家自然科学基金（优秀青年科学基金项目 71822105）的资助下，清华大学邓天虎副教授团队开展理论与实践研究，聚焦供应链研发、验证和落地等三个关键环节的科学难题（图 3-2-50），探索出一套新的理论和方法，并在国有大型制造企业进行广泛实践和验证，取得了以下创新成果。

（1）为供应链研发阶段设计高精度算法。针对现有算法模型难以兼顾精度和最优性这一问题，团队利用状态 / 决策空间降维、约束松弛、最优性条件判断等方法兼顾模型精度和最优性，突破了制造企业在全流程、全业务域智能决策上算法精度欠缺的局限。

（2）为供应链验证阶段定义可解释性和可信性。针对现有供应链算法可解释性和可信性较弱这一问题，团队摆脱了对国外软件的依赖，避免关键技术黑盒导致的算法难以解释和不可信，并与企业业务人员合作建立算法可解释性的定义和度量。

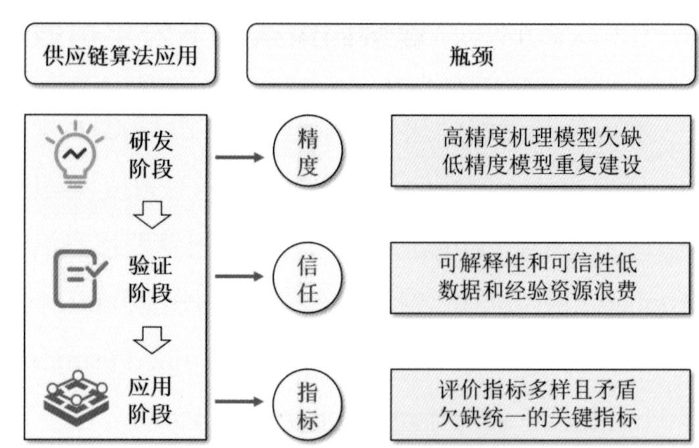

图 3-2-50　供应链算法亟需瓶颈突破

（3）为供应链应用阶段提供绩效评价。针对供应链应用评价指标多样性、主观性和矛盾性，团队与用友网络科技股份有限公司、金蝶国际软件集团有限公司、联想集团有限公司、中国中车股份有限公司等共同归纳关键绩效指标，为供应链算法的落地应用评估提供关键、一致和协同的绩效指标。

上述研究成果发表在 *Informs Journal on Computing*（2020）和 *Petroleum Science*（2021），形成国家标准《自动化系统与集成制造供应链关键绩效指标》（已报批），通过供应链“研发 – 验证 – 应用”的整体协同方案帮助中国制造企业提升其核心竞争力。研究成果已在中国石油天然气集团公司、中国烟草总公司等多个大型制造业实际落地并取得显著的经济效益。

智能医疗健康研究为我国公共健康管理提供科学支撑

我国面临人口老龄化、慢病患者激增、医疗资源紧缺等重大公共健康管理问题。智能医疗健康是应对上述问题的重要途径，其关键是如何利用智能健康技术提升居民健康模式、改善医患生态、优化医疗资源分布。在国家自然科学基金（重点项目 71531007、优秀青年科学基金项目 71622002）的资助下，哈尔滨工业大学郭熙铜教授团队从信息系统学科视角，探索智能医疗健康能否解决以及如何解决上述问题，取得如下创新成果。

（1）证明移动健康服务在提升糖尿病患者健康状态、降低医疗支出等方面的因果效应，并揭示其产生医学价值和经济价值的内在机制。通过这项研究，参与方能够更好地理解移动健康服务如何促进慢病患者自我健康管理，进而推广和普及移动健康服务。

（2）基于“患者 – 医生合作”范式，构建在线医疗社区的医疗产出理论模型，揭示医生驱动的在线医疗社区在缓解医患关系紧张和改善患者健康状态方面的作用机制，为发展“互联网 +”

医疗和相关政策制定提供实证依据。

（3）证明远程医疗有助于促进医疗资源从充裕地区向匮乏地区流动，可有效缓解区域间医疗资源分布不均问题（图 3-2-51），并揭示线上医疗资源流动会受到空间距离、信息因素（如媒体覆盖）和社会因素（如文化、语言）的限制，为深入理解远程医疗价值和促进其持续发展提供理论依据。

上述研究成果于 2021 年发表在 *MIS Quarterly*、*Information Systems Research* 等期刊。研究成果还被应用到慢病患者个性化健康管理服务设计中，有效改善了居民日常健康管理。在此基础上，团队针对基层医疗资源紧缺、医生管理负担重的问题，提出了“智能健康 + 团体干预”的慢病管理模式（即通过线上线下团体干预、团体活动任务、团体激励帮助居民管理慢病），并应用于湖北省 30 余家基层卫生机构，截至 2021 年 6 月，惠及 3300 余名慢病患者，形成了基于社区服务的“智慧公卫”示范。

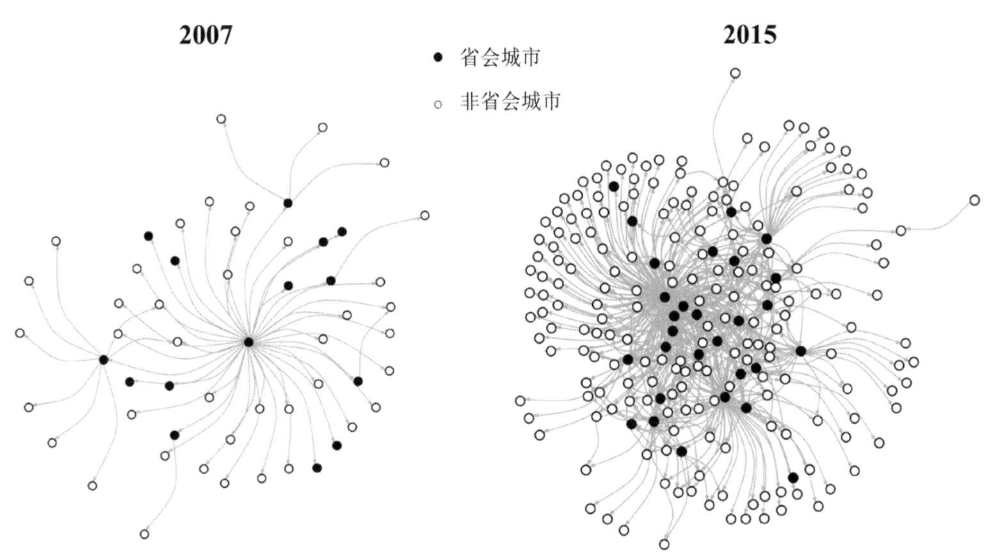

图 3-2-51　远程医疗服务促进医疗资源跨区域流动

糖原累积和相分离驱动肝癌发生的研究

在国家自然科学基金（创新研究群体项目 82021003，重大项目 81790254，国家杰出青年科学基金项目 31625010、81925016）等资助下，细胞应激生物学国家重点实验室、细胞信号网络协同创新中心、厦门大学生命科学学院周大旺教授团队与陈兰芬教授团队合作，研究发现肝癌发生前期存在普遍的糖原累积现象，并且糖原通过相分离抑制 Hippo 信号通路驱动肝癌的起始。该工作以“Glycogen Accumulation and Phase Separation Drives Liver Tumor Initiation”为题，于 2021 年 10 月 21 日发表在 *Cell*。

恶性肿瘤，又称癌症，是威胁人类生命健康的重大疾病。癌症发病机理复杂、早期诊断筛查技术及肿瘤早期诊断标志物缺乏，导致大多数癌症患者就诊时已处于癌症晚期，这给癌症的防治带来了极大的困难。因此，发现与鉴定癌症早期事件具有十分重要的科学意义与临床价值。糖原是葡萄糖在哺乳动物细胞内的主要储存形式，也是细胞内最大的可溶性分子之一。通常认为，过度增殖的肿瘤细胞需要大量的能量供给，葡萄糖作为最重要的供能物质会被癌细胞快速消耗。

团队研究发现，糖原过度积累的现象普遍发生于肝癌早期，这与传统肿瘤代谢认知截然相反。随后，团队通过多种手段消除肝癌早期累积的糖原，发现可以明显削弱肝脏细胞增殖和肿瘤发生。通过进一步的研究发现，累积的糖原可以自发形成液 - 液相分离(liquid-liquid phase separation)，并抑制 Hippo 信号通路活性，导致其下游效应因子 YAP 激活，驱动肿瘤的发生。临床上多种肿瘤的发生发展往往伴随着 Hippo 信号通路的失活，但却很少检测到 Hippo 信号通路成员的基因突变，Hippo 信号通路失活的具体机制尚未明确。该研究的发现有望揭示肿瘤发生中抑制细胞癌变的 Hippo 通路如何失活之谜 (图 3-2-52)。

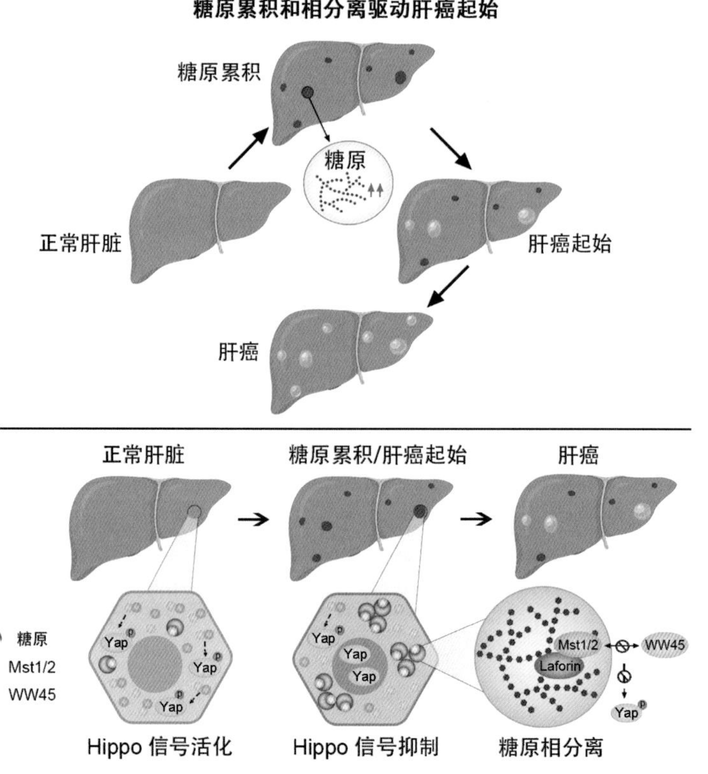

图 3-2-52　糖原累积和相分离驱动肝脏肿瘤的发生和发展机制

该研究表明糖原过度累积可以作为肝癌早期筛查与诊断的重要依据，研究阐释了肿瘤发生起始的致病机理，为多类肿瘤细胞在应激条件下出现糖原累积的现象提供肿瘤细胞潜在应激生存的耐药机制，为肿瘤早诊与治疗提供新思路。

一种新型可灌注多功能心外膜装置

心血管疾病是全球重要的卫生健康问题，我国有 3.3 亿心血管疾病患者、1 100 万冠心病患者。近三十年来，随着我国人口老龄化、高血压和糖尿病发病率上升，因严重冠心病死亡增加的人数已经位列全球第一。尽管严重冠心病导致心衰的治疗有一定的进展，但严重心梗后心功能不全仍是困扰临床医生的难题。

在国家自然科学基金（面上项目 81571826、81671832）资助下，上海交通大学医学院附属瑞金医院心脏外科叶晓峰主任医师、赵强教授团队与东华大学游正伟教授团队开展合作，利用聚己内酯（PCL）、聚癸二酸丙三醇酯（PGS）及明胶（Gelatin），研制了一种可灌注的多功能心外膜装置（PerMed），其由可生物降解的弹性补片，可渗透的多层级微通道网络和通过皮下植入泵投递治疗物质的系统组成（图 3-2-53）。PerMed 植入弹性补片旨在为心室重构提供机械力学信号，多层级微通道网络旨在促进血管再生并诱导修复性细胞浸润。将 PerMed 植入大鼠心肌梗死心外膜，发现其可改善心室功能。通过与皮下植入泵连接，PerMed 将血小板源性生长因子靶向、持续和稳定地释放至目标区域，与无泵组相比，可增强心脏修复的疗效。并进一步在猪上验证了 PerMed 通过胸腔镜辅助微创外科植入的可行性，证实了其临床转化用于治疗心脏疾病的潜能（图 3-2-54）。

不同于肿瘤领域，心血管局部靶向治疗至今未取得大的突破。该系统通过材料的选择和复合，构建的新型弹性仿生心脏支架具有出色的性能与治疗效果，将心脏支架与给药系统相结合，成功构建心肌局部药物输送系统，扩大了材料的多种类、多领域、多层次运用范围。以往心血管用药主要是口服和静脉途径，“心脏局部精准化投递”将为针对心脏的干细胞治疗、

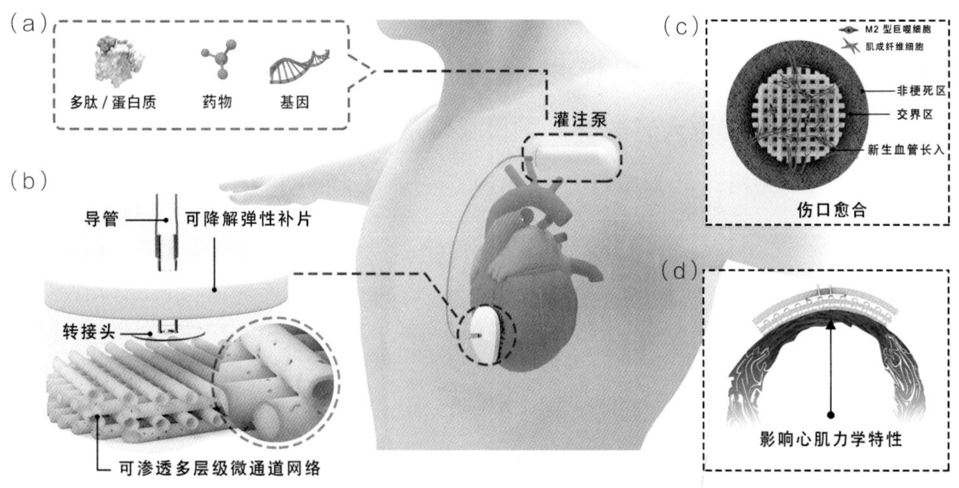

图 3-2-53 可灌注多功能心外膜装置的结构设计和心脏应用示意

免疫治疗和基因治疗等提供一个崭新的平台。研究成果以"A Perfusable, Multi-Functional Epicardial Device Improves Cardiac Function and Tissue Repair"为题，于 2021 年 3 月发表在 *Nature Medicine*。

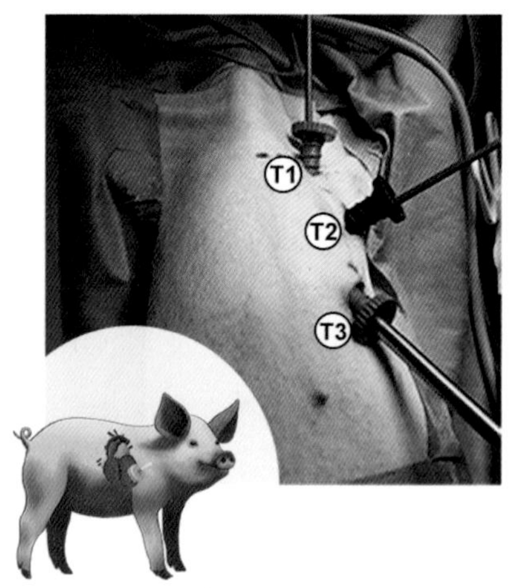

图 3-2-54　大动物胸腔镜辅助下 PerMed 微创外科植入

哮喘肺部区域免疫 – 神经互作机制研究

哮喘是我国最常见的慢性炎症之一，约 3 000 万人受其影响。重症哮喘患者常伴有激素抵抗，是临床治疗的瓶颈。因此，阐明哮喘加重的生物学机制，对加深人们在肺部区域免疫失衡机制方面的认知有着重要意义，也将为哮喘控制提供新的策略。有文献报道，在病毒等急性感染诱发的哮喘中，中性粒细胞形成的胞外 DNA 网（NETs）起到重要作用。2020 年，中山大学宋尔卫教授和苏士成研究员团队发表在 *Nature* 的研究文章鉴定出首个定位在细胞膜的 DNA 感受器 CCDC25，介导了 NETs 促进肿瘤转移。那么 CCDC25 是否也参与哮喘病程？

在国家自然科学基金（重大研究计划项目 92057210、面上项目 82071804）等资助下，苏士成研究员、江山平教授团队对哮喘进展机制这一重大问题进行了深入研究，取得如下重要成果。

（1）发现哮喘肺部胞外 DNA 的主要来源。发现哮喘患者肺泡灌洗液中胞外网状 DNA 的主要来源并非传统认为的中性粒细胞，而是嗜酸性粒细胞。

（2）证实嗜酸性粒细胞胞外 DNA 网（Eosinophil Extracellular Traps，EETs）放大哮喘 2 型炎症反应。过敏原刺激气道后，在胸腺基质淋巴细胞生成素（TSLP）的调控下形成 EETs，EETs 进一步增强肺部 2 型炎症反应。

（3）阐明神经内分泌细胞是 EETs 加重哮喘的主要效应细胞。研究者定位了肺组织中 CCDC25 的热点区域——肺神经内分泌细胞。通过作用于 CCDC25，EETs 诱导肺神经内分泌细胞释放神经肽和神经递质，促进 2 型炎症因子和黏液分泌。

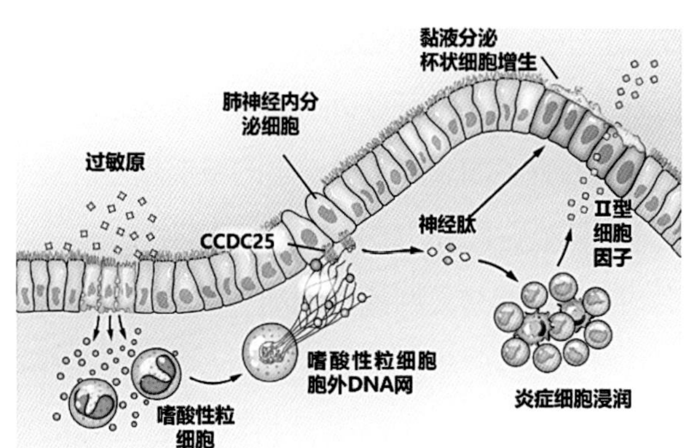

图 3-2-55　主要研究发现

（4）首次系统鉴定 EETs 的蛋白成分，揭示嗜酸性粒细胞颗粒蛋白 EPX 会放大 DNA-CCDC25 信号，进一步加剧哮喘炎症。

肺神经内分泌细胞是肺部特有细胞，上述研究揭示了区域免疫失衡驱动炎症疾病发展的新机理（图 3-2-55）。相关成果在 2021 年 10 月以“Eosinophil Extracellular Traps Drive Asthma Progression through Neuro-Immune Signals”为题发表于 *Nature Cell Biology*，并当选为封面论文。期刊同期将该论文作为研究亮点发表专评，*Science* 等整版专评该研究为哮喘治疗提供了新的靶点。

肝癌手术后早期复发机制研究

目前手术仍是肝癌患者得以长期生存的主要治疗手段，但即便是根治性切除，5 年内仍有 60％～70％患者出现肝内复发，这已成为进一步提高肝癌手术疗效和限制病人长期生存的瓶颈。因此，全面深刻认识肝癌复发的内在机制，是进一步改善肝癌治疗疗效，探索更有效的肝癌复发干预新策略的关键。在国家自然科学基金（重点项目 81530077）等资助下，复旦大学附属中山医院樊嘉教授团队运用单细胞测序技术，全面解析早期复发肝癌微生态系统的细胞组成及互作机制，发现复发肝癌显著富集的新型免疫细胞亚群，揭示了复发肝癌的免疫逃逸机制。研究成果以题为“Single-Cell Landscape of the Ecosystem in Early-Relapse Hepatocellular Carcinoma”的长文形式发表于 *Cell*。

与原发肝癌相比，早期复发肝癌中浸润更多的树突状细胞（DC）和 $CD8^+$ T 细胞，而调节性 T 细胞浸润更少。早期复发肝癌 $CD8^+$ T 细胞特征性表达 CD161，具有固有免疫样、低细胞毒、低克隆扩增和免疫记忆性的表型和功能特征。临床预后分析提示 $CD161^+$ $CD8^+$ T 细胞数增多与预后不良显著相关。因此 $CD161^+$ $CD8^+$ T 细胞处于未激活状态会导致免疫监视失效，是肝癌术后早期复发的重要原因之一。团队进一步分析发现以下成果。

（1）早期复发肝癌细胞来源于原发肝癌的亚克隆，提示复发肝癌细胞的新抗原可能与原发肿瘤细胞不同。而超过一半的早期复发肝癌 $CD8^{+}$ T 细胞与原发肝癌 $CD8^{+}$ T 细胞源于同一克隆，但是它们的功能却处于非激活状态。

（2）早期复发肝癌细胞活化免疫逃逸通路，而原发肝癌细胞活化增殖相关通路。复发肝癌细胞上调多种免疫逃逸分子，如 CD47、PD-L1、CTLA4 等。

（3）复发肝癌细胞通过 PD-L1 竞争性结合 DC 的 CD80 分子，导致 DC 对 $CD8^{+}$ T 细胞的 CD80-CD28 共刺激信号被阻断，抑制 $CD8^{+}$ T 细胞活化和杀伤功能。

该研究揭示了早期复发肝癌免疫微环境细胞组分特征，绘制免疫微生态的全景图谱；发现并鉴定了复发肝癌显著富集的新型免疫细胞亚群——$CD161^{+}$ $CD8^{+}$ T 细胞；全面解析了早期复发肝癌内的肿瘤 - 免疫互作机制；为诠释早期复发肝癌的免疫逃逸机制提供了更深入的见解，为早期复发肝癌个体化免疫治疗提供了重要的理论依据和实验证据（图 3-2-56）。

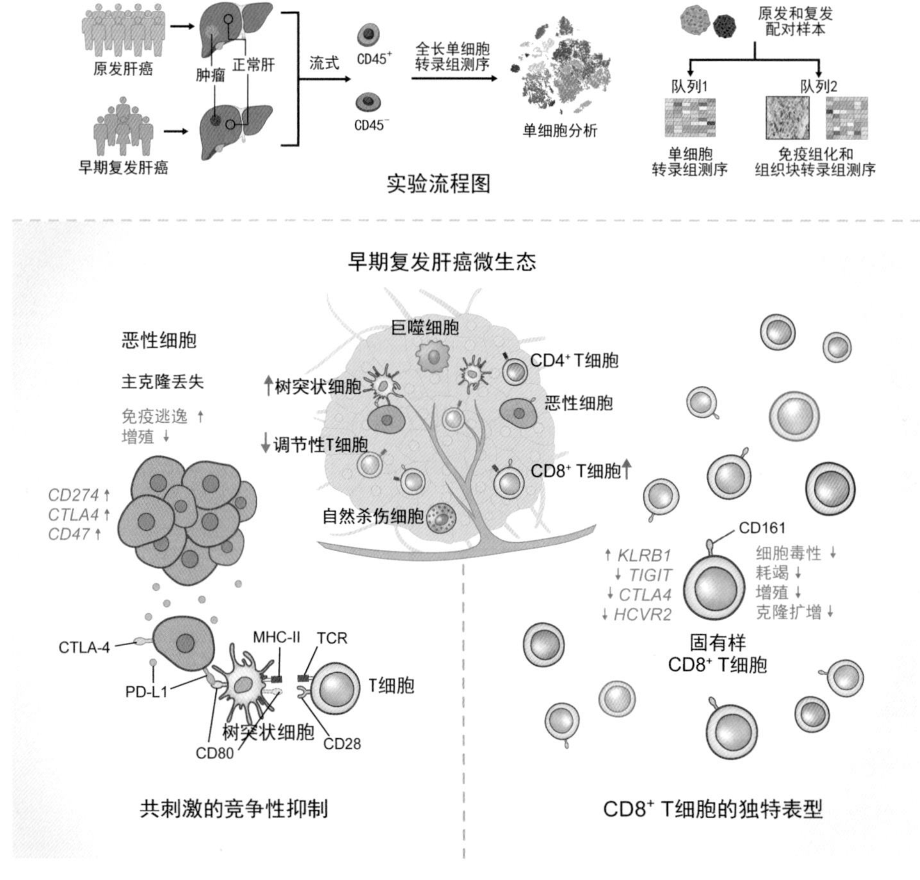

图 3-2-56　早期复发肝细胞癌免疫生态

缺血性脑卒中治疗的新靶标及机制研究

缺血性脑卒中是人类致死致残的重要疾病之一，但其确切的机制尚不清楚。缺血性脑卒中早期细胞外谷氨酸大量堆积导致的兴奋性谷氨酸毒性是引起缺血性脑损伤的重要因素。

在国家自然科学基金（重点项目 81830034）资助下，中国人民解放军军事科学院军事医学研究院王以政研究员团队利用分子生物学及电生理等技术结合小鼠和食蟹猴的缺血性脑卒中模型发现，Sonic Hedgehog（SHH）信号通路调控谷氨酸转运体介导的兴奋性谷氨酸毒性，抑制 SHH-Smoothened（SMO）通过抑制兴奋性谷氨酸毒性减少缺血性脑损伤。该研究揭示了调控谷氨酸转运体的新机制，提示 SMO 是治疗缺血性脑损伤潜在的分子靶标（图 3-2-57）。该研究的主要创新成果及应用价值如下。

（1）发现在脑缺血过程中 SHH 蛋白的释放增加并激活下游信号分子。利用表征 SHH 信号通路激活的 Gli1-LacZ 工具鼠研究发现，LacZ 在缺血损伤的细胞中表达增高，提示 SHH 通路激活与神经元存活密切相关。采用药理学及遗传学方法抑制 SHH 信号通路可以显著降低缺血性脑损伤。

（2）在培养的星形胶质细胞及 293 细胞中利用分子生物学及电生理等方法发现，SHH 信号通路通过其下游效应分子 SMO 激活 PKCα，进而使 GLT-1a 562 位点丝氨酸磷酸化，降低其在细胞膜上的表达，从而抑制 GLT-1 活性。

（3）NVP-LDE225 是 SMO 特异性抑制剂，临床上已经被批准用于晚期基底细胞癌的治疗。在小鼠和食蟹猴的脑缺血模型中发现，NVP-LDE225 可以显著减少缺血性脑损伤的体积（图 3-2-58）。

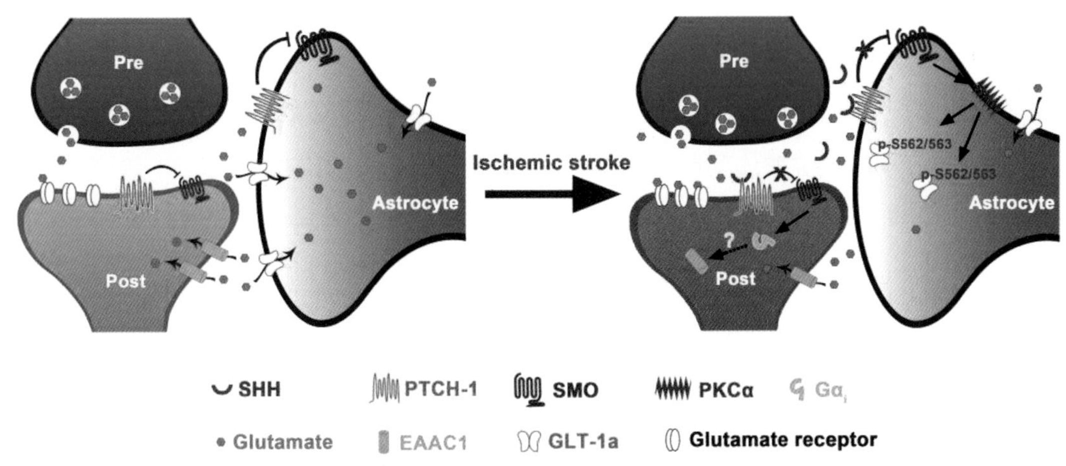

图 3-2-57 SHH 信号通路调控兴奋性谷氨酸毒性的机制

上述研究成果以“Smoothened is a Therapeutic Target for Reducing Glutamate Toxicity in Ischemic Stroke”为题，于2021年9月8日发表在*Science Translational Medicine*。这项工作有助于理解缺血性脑损伤的兴奋性谷氨酸毒性机制，为缺血性脑卒中的治疗提供了潜在的新靶点。

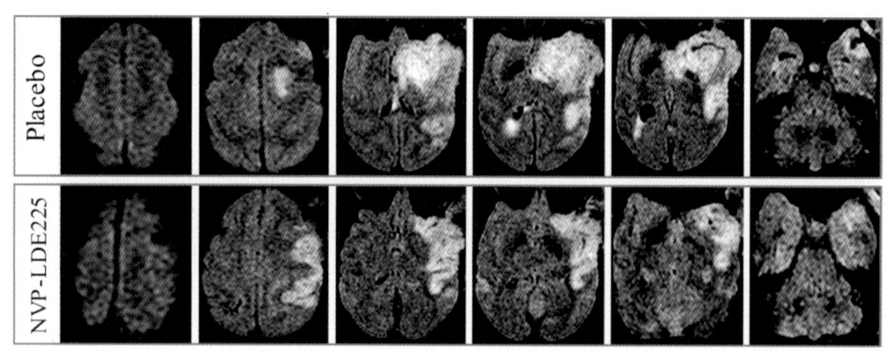

图 3-2-58 SMO 抑制剂 NVP-LDE225 减少食蟹猴缺血性脑损伤

稀疏解卷积实现计算超分辨率，稳定提升荧光成像两倍空间分辨率

2014 年诺贝尔化学奖授予了荧光超分辨显微技术。利用荧光分子的化学开关特性（PALM/FPALM/STORM）或者物理的受激辐射现象（STED），可实现超越衍射极限的超分辨成像。尽管如此，由于需要采集更多光子来获得更高的空间分辨率，活细胞超分辨率成像仍然存在两个主要瓶颈：一是高光毒性限制了在活细胞上对生理过程的观察；二是受限于荧光分子单位时间发出光子数，时间和空间分辨率不可兼得造成活细胞的运动模糊和实际分辨率下降。迄今为止，基于光学硬件或者荧光探针的改进，很难进一步提升活细胞超分辨成像的时空分辨率，实现毫秒尺度 60nm 成像。

在国家自然科学基金（重大研究计划项目 92054301、91750203，国家杰出青年科学基金项目 81925022，创新研究群体项目 31821091，青年科学基金项目 61805057）等资助下，北京大学陈良怡教授团队与哈尔滨工业大学李浩宇教授团队合作，通过提出“荧光图像的分辨率提高等价于图像的相对稀疏性增加”这个荧光超分辨显微成像的通用先验知识，结合 2018 年提出的信号时空连续性先验知识，发明了两步迭代解卷积求解算法，即稀疏解卷积（Sparse deconvolution）方法。团队结合自主研发的超分结构光（SIM）系统，实现目前活细胞光学成像方法中分辨率最高（60nm）、速度最快（564Hz）、成像时间最长（1h 以上）的超分辨成像。经 DNA 折纸样本验证，该方法可将线性 SIM 的空间分辨率从近 120nm 提升至 60nm 左右，达到近一倍的分辨率提升（图 3-2-59）。

此外，稀疏解卷积技术，本质上作为一项通用计算超分辨率成像算法，还可被广泛应用于其他荧光显微模态，观察不同细胞器种类。如超分辨转盘共焦结构光显微镜（SD-SIM），经过该算法优化，可优于 90nm 的分辨率进行三维四色超分辨成像；还可在膨胀显微镜（ExM）、受激辐射损耗显微镜（STED）甚至微型化双光子显微镜（FHIRM-TPM）上，通过实际的生物样本实验量化，证明均能够实现近两倍稳定的空间分辨率提升，而并不需要付出额外的硬件代价（图 3-2-60）。

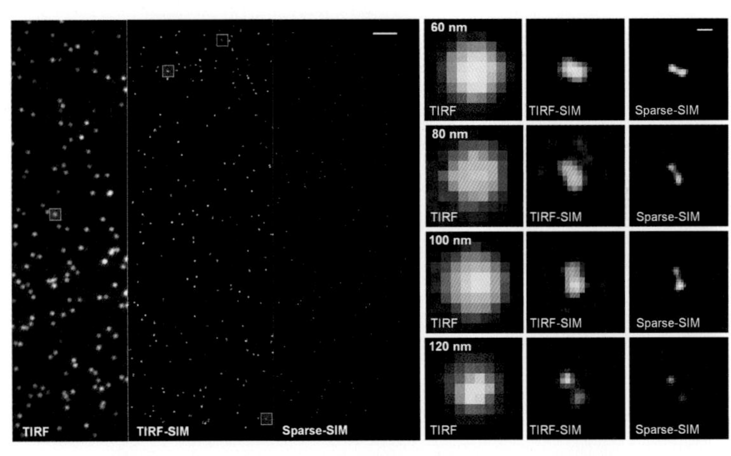

图 3-2-59 Sparse-SIM 解析不同距离 DNA 折纸样本

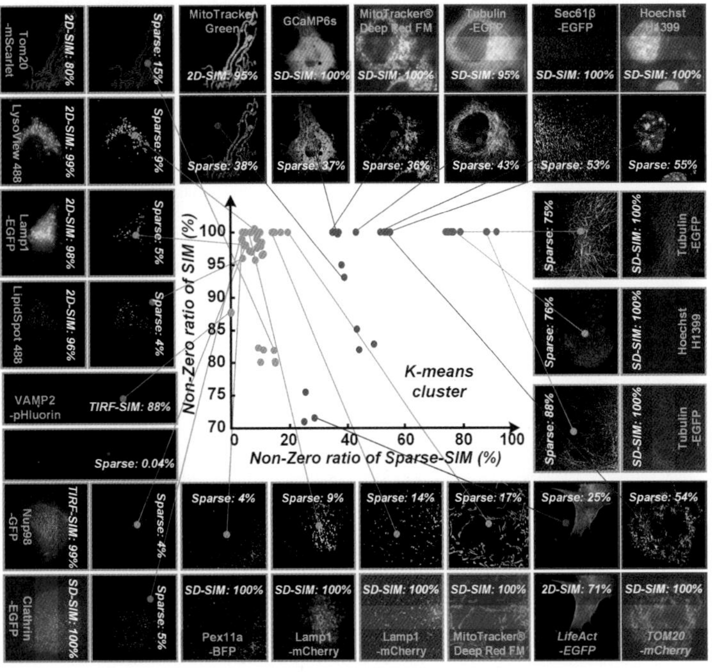

图 3-2-60 稀疏解卷积广泛应用于不同模态、各类细胞器

光学显微镜分辨率一直受到物理衍射极限的限制，稀疏解卷积超分辨显微镜的研发，从数学和计算角度实现了超分辨成像，为该领域的发展提供了一个崭新的思路。同时，其能广泛地应用于多种模态和不同细胞器，使生物学家能够更好地分辨活细胞中高度敏感和动态的复杂结构。研究成果以“Sparse Deconvolution Improves the Resolution of Live-Cell Super-Resolution Fluorescence Microscopy”为题，2021 年 11 月 16 日在线发表于 *Nature Biotechnology*。论文发表一周后，威斯康星大学的埃德温·查普曼（Edwin Chapman）教授在 *Faculty Opinionsshang* 评价该研究为“技术突破”。该研究同时也入选 2021 年中国光学领域十大社会影响力事件。

PART 4

第四部分

国际（地区）合作与交流

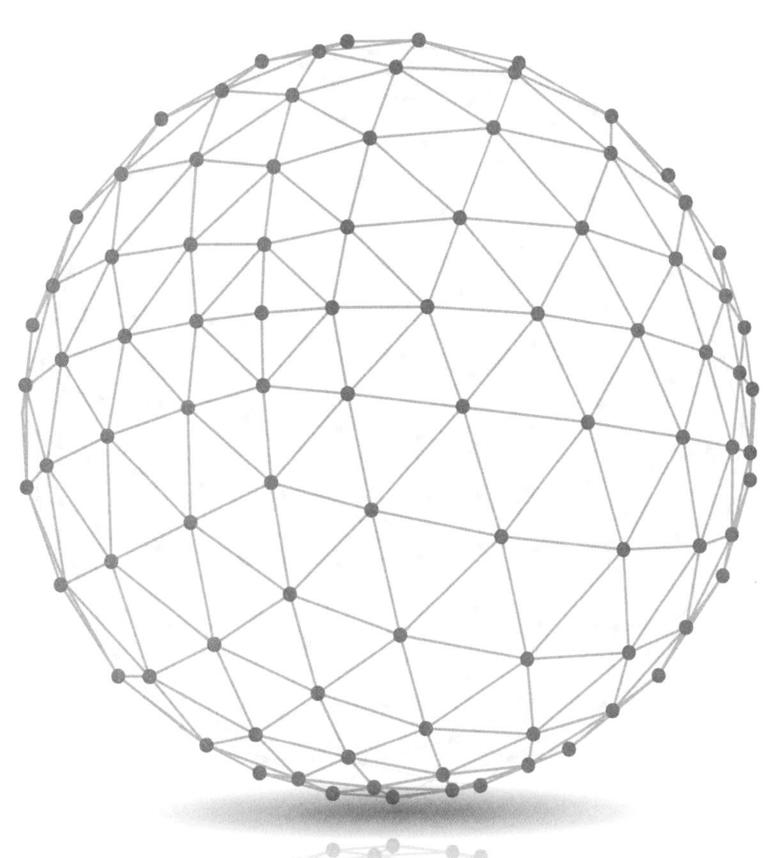

NSFC

一、推进区域创新和国际（地区）交流与合作

2021 年，自然科学基金委克服新冠肺炎疫情的不利影响，积极开拓新的合作渠道，巩固已有合作关系，深化双（多）边合作层次。

继续稳定和发展对北美的合作。与美国国家科学基金会的合作稳中有进，在可持续区域系统领域首次开展交叉学科领域的联合项目征集；在生物多样性领域扩大资助规模，增加资助渠道，鼓励中美青年学者新建合作关系；与盖茨基金会联合征集疟疾领域合作研究项目并继续联合资助全球健康研讨会；参加加拿大卫生研究院与世卫组织联合召开的“健康生命轨迹计划”理事会会议并开展新一轮合作项目的征集。

继续发展与欧洲的全方位合作。参加中俄总理定期会晤委员会科技合作分委会第 25 届例会和第二届中比科技创新对话会议。与德国、英国、法国等十余个欧洲国家资助机构以视频会议形式联合举办第二届“中欧新冠疫情研究学术研讨会”。分别与科学欧洲、北欧五国科学资助机构成功举办高层战略与政策对话论坛，并与俄罗斯基础研究基金会举办中俄（NSFC-RFBR）合作 25 周年科技论坛。与塞尔维亚教育科学与技术发展部签署合作协议。在协议框架下与欧洲各国共完成 21 轮项目的受理、评审与资助。

巩固和扩大与亚洲、非洲的合作。与日本学术振兴会、韩国国家研究基金会恢复因疫情中断的“亚洲研究理事会主席会议”机制，共同组织气候变化领域的“东北亚学术论坛”并征集三边合作研究项目（A3 前瞻计划）。与蒙古国科技基金会共同举办中蒙畜牧学研讨会。同时与日本、韩国、以色列、巴基斯坦、蒙古国、埃及等国科学资助机构继续开展合作交流与合作研究项目的联合征集与资助。与伊朗科学基金会开展首次合作研究项目征集，并与阿联酋教育部新签合作协议。

深化推进与国际组织的合作。与国际应用系统分析学会（IIASA）恢复因疫情中断的对暑期青年科学家项目的资助，共同举办“亚洲系统分析研讨会”，促进中国、日本、韩国、印度、伊朗及 IIASA 学者在应对区域挑战和实现可持续发展方面的讨论与交流。与联合国环境署、国际农业研究磋商组织以及在金砖国家科技和创新框架计划下与俄罗斯、印度、巴西、南非等国家的科学资助机构开展合作研究项目的联合征集与资助。与贝尔蒙特论坛多次组织中外科学家就气候变化和跨学科研究开展交流研讨。

稳步开拓科技国际合作网络。截至 2021 年底，已与 53 个国家（地区）的 100 个科学资助机构或国际组织建立了合作关系，合作网络覆盖世界五大洲。2021 年，自然科学基金委共资助 879 项国际（地区）合作与交流项目，资助直接费用 8.67 亿元。

二、深度参与全球科技治理，共享科学基金改革理念与举措

通过全球研究理事会、国际科学理事会、科学欧洲、国际资助机构主席会议等国际组织平台，加强与国外科学资助机构和科学界的战略对话，先后参加由美国国家科学院等主办的科学外交国际研讨会、国际科学理事会第二届全球资助机构论坛、全球研究理事会第九届年会及亚太区域会等，推动国际科研界携手应对全球挑战。

自然科学基金委加入全球研究理事会“负责任的科研评审”工作组，分享科学基金改革分类评审和“负责任、讲信誉、计贡献”评审机制等理念与实践，并于 11 月承办全球研究理事会亚太区域会，组织亚洲科学资助机构就“科研伦理、诚信与文化”“科技劳动力发展”“负责任的研究评审”“科技领域的性别平等与多元化”等议题开展讨论与交流。此外，加入贝尔蒙特论坛秘书处，推动全球科学资助机构对气候变化的联合资助。

三、推进可持续发展国际合作科学计划实施

为积极践行人类命运共同体理念，大力推动面向联合国可持续发展目标（SDGs）的科学、人才交流合作。国家自然科学基金可持续发展国际合作科学计划进入实施阶段，形成了《科学计划指导框架》和《首轮合作项目指南（建议稿）》，已有十余个国外科学资助机构和国际组织同意加入首轮合作。这是科学基金主动发起的以国际合作科学计划的方式推动与境外对口机构合作的实质性举措，也是科学基金面向全球、响应联合国 SDG 倡议和国家“双碳目标”、广泛开展国际合作的重要渠道之一。

四、拓展吸引外国人才平台

为营造更加积极、更加开放的科研人才平台，2021 年将“国家自然科学基金外国青年学者研究基金项目”拓展为“国家自然科学基金外国学者研究基金项目”（以下简称外国学者研究基金项目），切实推进自然科学基金深化改革任务之人才资助体系升级计划。外国学者研究基金项目包括外国青年学者研究基金项目、外国优秀青年学者研究基金项目及外国资深学者研究基金项目三个层次，形成了覆盖科研职业生涯全周期的外籍人才资助体系。加快研究设立面向全球的科学研究基金。

五、稳步推进对港澳台地区的合作

深化与港澳台科技合作与交流，支持港澳参与创新型国家建设，更快融入国家发展大局。加强内地与港澳的实质性合作，与香港研究资助局、澳门科技发展基金顺利实施联合资助工

作，共同商定扩大联合资助规模。持续开展与香港研究资助局、京港学术交流中心、澳门科技发展基金和台湾李国鼎基金会线上、线下交流，联合组织召开面向港澳台地区的青年学者论坛、前沿研讨会、合作研究项目交流会等学术活动，促进与港澳台地区学者的交流合作。

六、发挥中德科学中心国际化平台优势，推进中德两国多渠道战略性合作

积极发挥好中德科学中心对德合作的纽带作用，持续推进中德两国在合作网络建设、人才培养与战略合作方面的各项工作。双方高层先后举行两次对话，并成功组织召开 2021 年中德科学中心春季特别联委会、第 24 届中德联委会，为中德科学中心发展和密切中德合作从战略上进一步指明方向。顺延至 2021 年的 2020 年林岛项目举行了主题为交叉科学的线上会议，吸引 30 名交叉学科优秀博士生参加。

七、典型成果

（一）肺动脉高压防治国际合作基础研究

肺动脉高压是严重危害人类健康和生命的重大慢性疾病。临床特征包括进行性肺动脉压力和阻力升高、肺血管重塑和右心衰竭，最终可导致死亡。而治疗手段特别是疗效十分有限，诸多类型的肺动脉高压迄今尚无靶向药物推荐临床应用。因此探索肺动脉高压有效治疗和早期预防的新策略已成为该领域转化基础研究的热点。在国家自然科学基金重点国际（地区）合作研究项目“左心疾病相关肺动脉高压的代谢障碍：脂肪酸和酰基肉碱的作用和机制（81861128024）”资助下，华中科技大学同济医学院胡清华教授团队与加拿大蒙特利尔（Montreal）大学乔斯林·迪普伊（Jocelyn Dupuis）教授团队展开了密切的合作，揭示了食物干扰他汀治疗肺动脉高压疗效的规律（*Circulation*，2021），并发现人工设计的多肽可预防肺动脉高压（*Hypertension*，2021），获得的突破性成果如下。

（1）发现日常食物中香叶基香叶基焦磷酸酯（GGPP）含量差异极大（图 4-7-1）；喂食高含量 GGPP 食物（西红柿、牛肉、黄豆）不仅影响血浆 GGPP 水平，而且会显著干扰

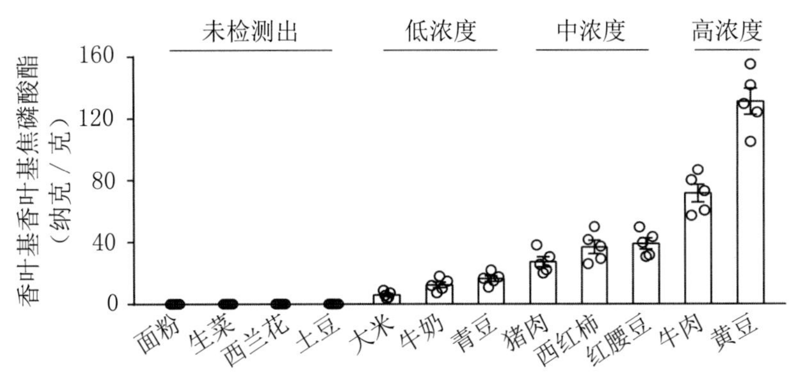

图 4-7-1 日常食物中香叶基香叶基焦磷酸酯含量

他汀治疗肺动脉高压大鼠的效果，大蒜含有的天然成分“甲基烯丙基硫代亚磺酸酯”则可拮抗 / 减轻 GGPP 的这种干扰作用。

（2）在揭示 CaSR 分子自聚合触发肺动脉高压的基础上，针对 CaSR 分子自聚合关键位点 – 细胞外 129/131 氨基酸序列，成功自主设计、合成并筛选得到的多肽，可有效预防大鼠肺动脉高压的发生（图 4-7-2）。有效肽具有靶向细胞胞外氨基酸位点、安全、不影响体循环血压等优点，具有药物研发潜力。

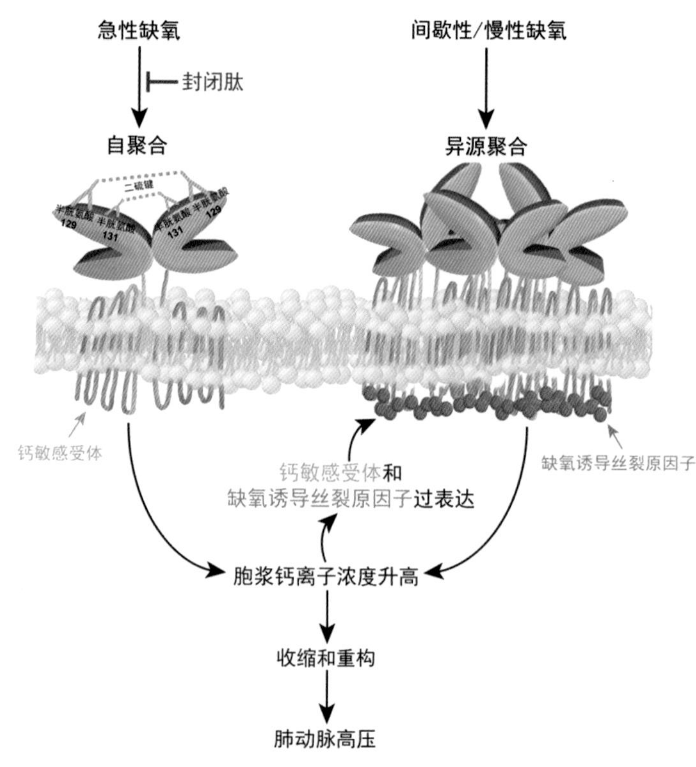

图 4-7-2 靶向钙敏感受体封闭肽预防肺动脉高压

这些研究首次揭示了食物可干扰他汀对肺动脉高压的治疗效果以及可靠的应对策略，为有效运用他汀治疗疾病提供了具有广泛性意义的理论指导；同时也为预防肺动脉高压的新药研发开辟了人工多肽这一新途径。相关成果发表于 *Circulation* 和 *Hypertension*。上述研究发表的同时，*Circulation* 刊登了德国汉堡埃彭多夫大学医学中心托马斯·艾森哈根（Thomas Eschenhagen）教授撰写的专题评论，系统归纳总结了胡清华教授团队的这项工作，指出该项研究为他汀药物的多效性作用提供了全新的视角，并预测由此可能刺激该领域临床注册和大型干预试验。

（二）复杂流体的数学建模和高性能计算

在国家自然科学基金内地 – 香港合作研究项目“复杂流体的数学建模和高性能计算（10640460626）”的资助下，中国科学院数学与系统科学研究院袁礼研究员、香港浸会大学汤涛教授、北京师范大学张辉教授及香港理工大学乔中华教授，针对应用梯度流方法建立的相变模型开展合作研究，提出了加稳定化因子法、凸分裂法，离散梯度方法及高阶自适应方法等一系列高效计算方法，快速精确地模拟了长时间相变的复杂过程；严格证明了这几种格式是能量稳定的，并给出相应的误差分析。尤其针对加稳定化因子的能量稳定化方法，合作团队运用深入的微分方程及数值分析方法，大大改进了已有文献中的稳定性分析结果；并且对已经有诸多实验基础的一些复杂流体中的数学问题进行了研究，从而对一些软物质物材料的平衡态和非平衡态机制有了更全面的认识，在这个基础上进一步研究相关模型的高性能算法（图 4-7-3）。在合作团队的共同努力下，针对复杂流体的基础算法与可计算建模取得了一系列突出成果，并在 *SIAM Journal on Numerical Analysis*、*Mathematics of Computation*、*Science China Mathematics* 等期刊发表，极大地推动我国科学计算领域在相场建模及数值模拟方面水平的提高，提升我国在此方向研究的原始创新能力和国际影响力，研究队伍中成长了一批高水平的研究人才。汤涛在 2021 年入选斯坦福大学评为全球前 2% 顶尖科学家榜单。项目成果论文中，有 3 篇进入 ESI 高被引论文榜。基于项目发展算法的后续研究，项目主要参与人乔中华教授 2021 年在 *SIAM Review* 上发表综述性文章。

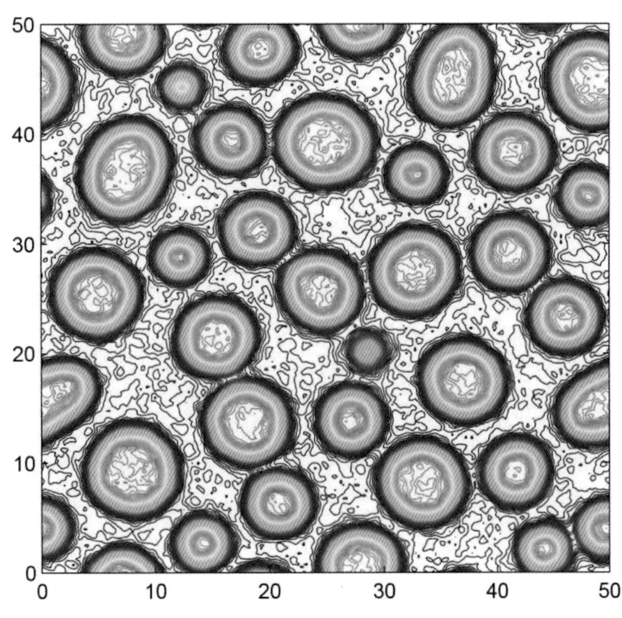

图 4-7-3　大分子微球水凝胶模拟

（三）反中子和超子研究的新途径

在国家自然科学基金（组织间合作研究项目 11961141012、重点项目 11835012、创新研究群体项目 11521505）等资助下，中国科学院高能物理研究所苑长征研究员与以色列特拉维夫大学马雷克·卡林纳（Marek Karliner）教授提出了利用现有和未来计划的加速器产生反中子和超子等稀有粒子的新方法，研究成果以“Cornucopia of Antineutrons and Hyperons from a Super J/ψ Factory for Next-Generation Nuclear and Particle Physics High-Precision Experiments”为题，于 2021 年 6 月 30 日在线发表于 *Physical Review Letters*。文章获得编辑推荐，并在 *Physics* 配发题为“Generating Antineutrons and Hyperons with

Existing and Future Facilities”的推介文章。

物理学家通过使用微小的亚原子“子弹”轰击研究对象来研究亚原子世界。根据这些“子弹”从目标弹回的方式，人们可以推断出有关目标结构的大量详细信息。利用这种方法，卢瑟福在 100 多年前发现了原子核。不同种类的亚原子“子弹”能探测目标的不同方面，而将原子核结合在一起的力的某些重要方面只能通过发射称为反中子和超子的粒子来研究，但是这些粒子目前很难产生和控制。

研究显示，通过未来的“超级 J/ψ 工厂”可以产生大量的上述稀有粒子。正负电子对撞实验每年可以采集上万亿（10^{12}）甚至百万亿 J/ψ 衰变，通过标定 J/ψ 衰变产生的反中子、超子和反超子并用来轰击安放在探测器中心附近的靶物质，可以研究从原子核到中子星结构相关的物理过程。这为粒子物理、核物理学以及天体物理学和医学物理学开辟了新的研究途径（图 4-7-4）。

传统固定靶实验装置需要为不同的专用实验产生特定种类的粒子源，并且需要共享加速器时间、耗费大量的人力和资金，因此实验研究进展缓慢。相比之下，苑长征研究员和 Marek Karliner 教授提出的方法将允许同时使用不同粒子源进行实验，不需要额外的基础设施建设，这将大大推进实验研究。

作为可行性研究，该研究还计算了在现有北京谱仪Ⅲ（BES Ⅲ）实验上研究反中子和超子与探测器物质相互作用的产额。部分研究成果已经应用到 BES Ⅲ采集的 100 亿 J/ψ 事例和 30 亿 ψ(2S) 事例的首次实验测量上，扩展了 BES Ⅲ的物理研究领域。

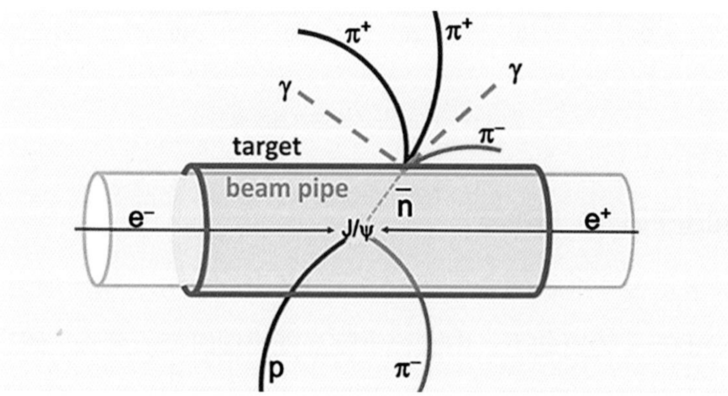

图 4-7-4　利用 J/ψ 衰变产生反中子并与靶中的质子撞击示意

PART 5

第五部分

科研诚信建设

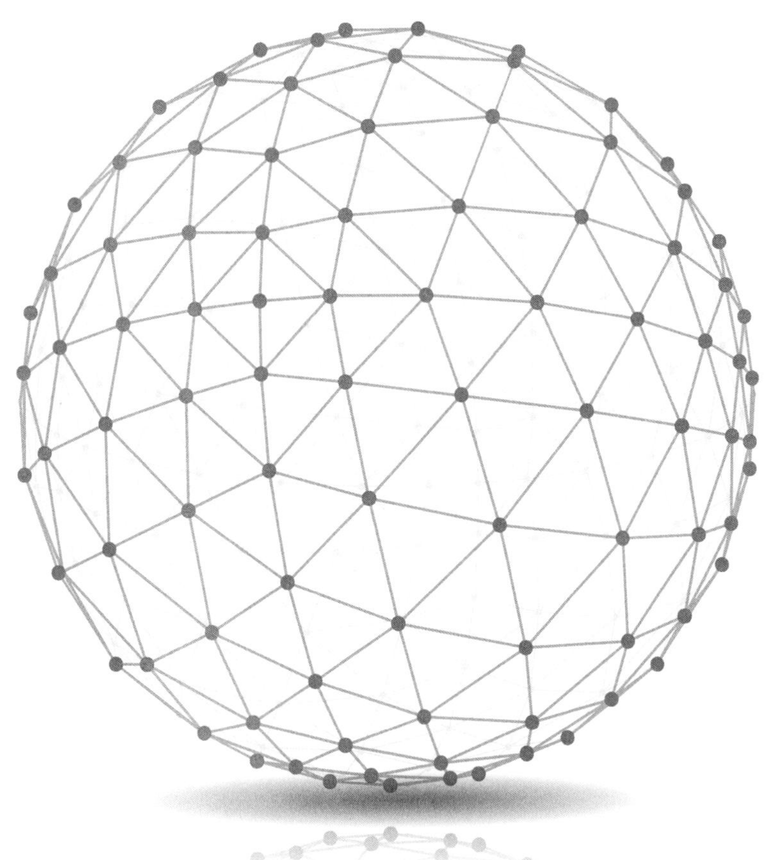

NSFC

坚持以教育为根本、以正向激励为引导、以规范为准绳、以监督为抓手、以惩戒为警示，坚持远近结合、标本兼治，系统推进《科学基金学风建设行动计划》，持续推进作风学风和科研诚信建设。

一、进一步完善监督体系建设，加强科研活动全流程诚信管理

针对自然科学基金委科研诚信宣传教育、规范制定等方面需要完善的重点环节，多次邀请专家开展研讨，加快推进《国家自然科学基金科研诚信教育读本》《科研不端行为典型案例与警示教育》《国家自然科学基金项目科研行为规范》编撰工作，现已形成初稿。

在项目集中评审前召开 2021 年基金项目会议评审工作动员部署会议，要求全体工作人员进一步提高政治站位，狠抓责任落实。严格遵守《关于规范国家自然科学基金委员会工作人员在科学基金项目评审中有关利益冲突事项处理的指导性意见（试行）》等各项规章制度，严守廉洁公正底线。

聚焦关键环节，强化过程监督。进一步加强驻会监督，与驻会监督同步向会议评审专家发送《国家自然科学基金项目会议评审专家履职尽责提示函》，提示评审专家充分认识受自然科学基金委委托行使国家公权力的神圣职责，引导评审专家更加科学地履行学术评价职责，防范影响评审工作公正性的行为。在通讯评审进入收尾阶段时，针对在基金项目评审过程中可能存在的打探评审信息、“打招呼”的行为，开展问卷调查，全面排查“请托、打招呼”或者其他对评审工作的公正性、独立性产生影响的行为状况。

加强项目负责人承诺管理。项目负责人填写计划任务书时要做出承诺，项目负责人及参与者在项目执行周期全过程中若发现有违背科研诚信要求的任何行为，均须及时向自然科学基金委报告。

加强各方协作，与科技部等科研诚信建设联席会议成员单位建立常态化的科研不端行为查处和信息共享机制；主动接受中央纪委国家监委驻科技部纪检监察组对自然科学基金委工作人员和评审专家在履职尽责、行使公权力等方面的指导和监督，形成监督合力。

二、深入开展调查研究，推动“放管服”改革政策落实落地

深入开展“我为群众办实事”及调研工作，走进新疆、青海、海南、江苏等区域的多家依托单位，听取依托单位和一线科研人员对科研诚信建设、科学基金改革、“放管服”政策落实、项目资金管理使用等方面的意见和建议，解答科研管理部门和一线科研人员的困惑。

将依托单位科学基金项目资金年度监督检查改革为调研式检查，既查找在项目资金管理

使用过程中的违规行为，也调研自然科学基金委在项目和资金管理中需要进一步改进的地方；既了解依托单位对“放管服”政策贯彻落实以及给科研人员营造宽松政策环境的情况，同时也邀请做得好的依托单位进行现场交流，推进“放管服”改革措施落实落地。2021 年，对江苏、青海和新疆三省区 84 家依托单位的科学基金项目资金开展调研式监督检查，共抽查近三年（2018—2020 年）结题项目 911 个。通过调研提出项目资金管理使用的负面清单的建议，在自然科学基金委、财政部共同制定的《国家自然科学基金资助项目资金管理办法》中采纳，便于依托单位更好地把握政策。

三、广泛开展宣传教育活动，弘扬科学精神和科学家精神

以建党百年党史学习教育为契机，充分汲取党在弘扬科学家精神方面的宝贵经验，大力弘扬新时代科学家精神，不断深化科学基金作风学风及科研诚信建设。组织开展以“讲好科学家故事”“弘扬科学精神和工匠精神”为主题的宣传工作，共对包括 11 位院士在内的 18 位科学家进行专访，还邀请其中 4 位院士以访谈直播形式开展科学家精神宣讲，相关宣传报道发表在《中国科学报》等媒体，并转载至自然科学基金委门户网站基金要闻栏目和微信公众号，受到科技界的好评，取得了良好的宣传效果。对于依托单位在科研诚信建设方面好的做法和经验通过《科技日报》等媒体进行宣传报道。加大科学基金科研诚信和监督体系建设教育宣传力度，分别在科学基金管理工作会议、地区联络网管理工作会议、依托单位培训会议开展宣讲，宣传自然科学基金委在科研诚信及学风建设方面的新举措。

四、加大调查处理力度，严肃查处违规案件

2021 年自然科学基金委监督委员会收到涉及学术不端的投诉举报和问题线索以及主动查处的问题线索共 622 件，目前已办结 451 件。经自然科学基金委监督委员会全体委员会议审议、自然科学基金委委务会议审定，对 292 位责任人和 7 家依托单位作出处理。其中，给予 47 位责任人通报批评，64 位责任人内部通报批评；取消 165 位责任人 1~7 年项目申请资格，永久取消 2 位责任人项目申请资格；取消 6 位责任人基金项目评审专家资格；撤销已获资助国家自然科学基金项目 99 项并追回全部已拨资金；撤销国家自然科学基金当年项目申请 40 项；并将上述失信行为责任主体和涉事项目在科学基金网络信息系统中进行标注。

2021 年收到有关项目资金使用的投诉举报和问题线索 30 件，目前已办结 20 件。经调查，对违规使用项目资金的项目负责人和依托单位给予相应处理，追回违规使用的项目资金。完成 2020 年度项目资金监督检查发现问题的整改落实，浙江、云南和海南三省 51 家依托单

位已反馈整改情况，退还不规范列支（超范围、超预算、个人消费支出等）项目资金。

为彰显自然科学基金委净化风气、涵养正气的坚决态度，先后四批次公布 40 个严重不端行为案件的处理决定，其中包括对 45 位相关责任人做出不同程度的处理，受到社会各界的广泛关注和肯定。将 182 位被取消项目申请或评审资格的失信行为责任主体相关处罚信息按程序提交到科技部科研诚信管理信息系统，实现失信行为信息共享，有效实施联合惩戒。

PART 6

第六部分

组织保障

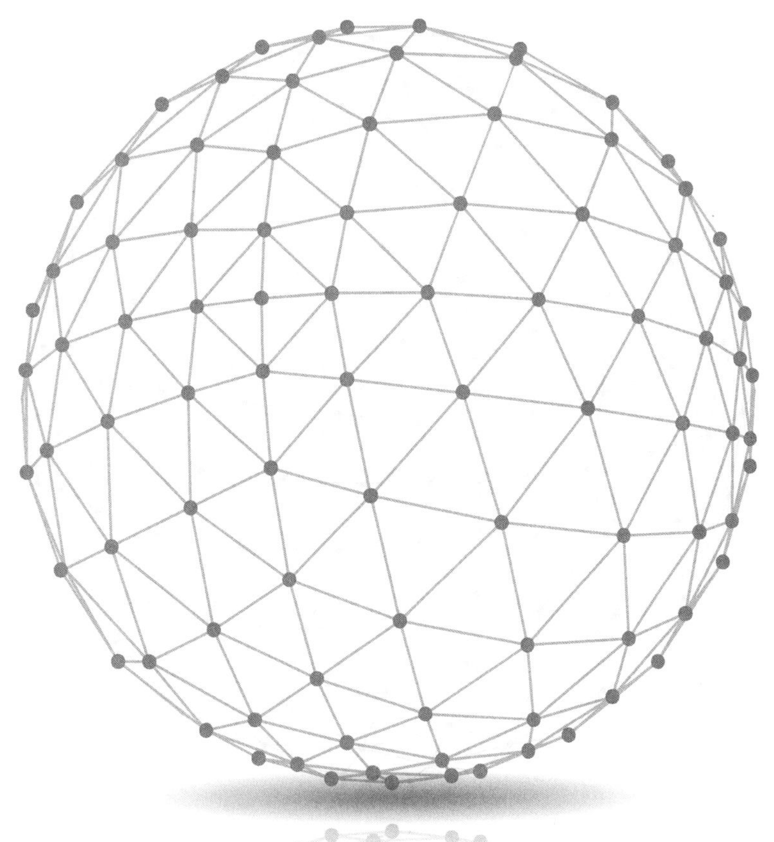

NSFC

一、组织机构

（一）组织机构图

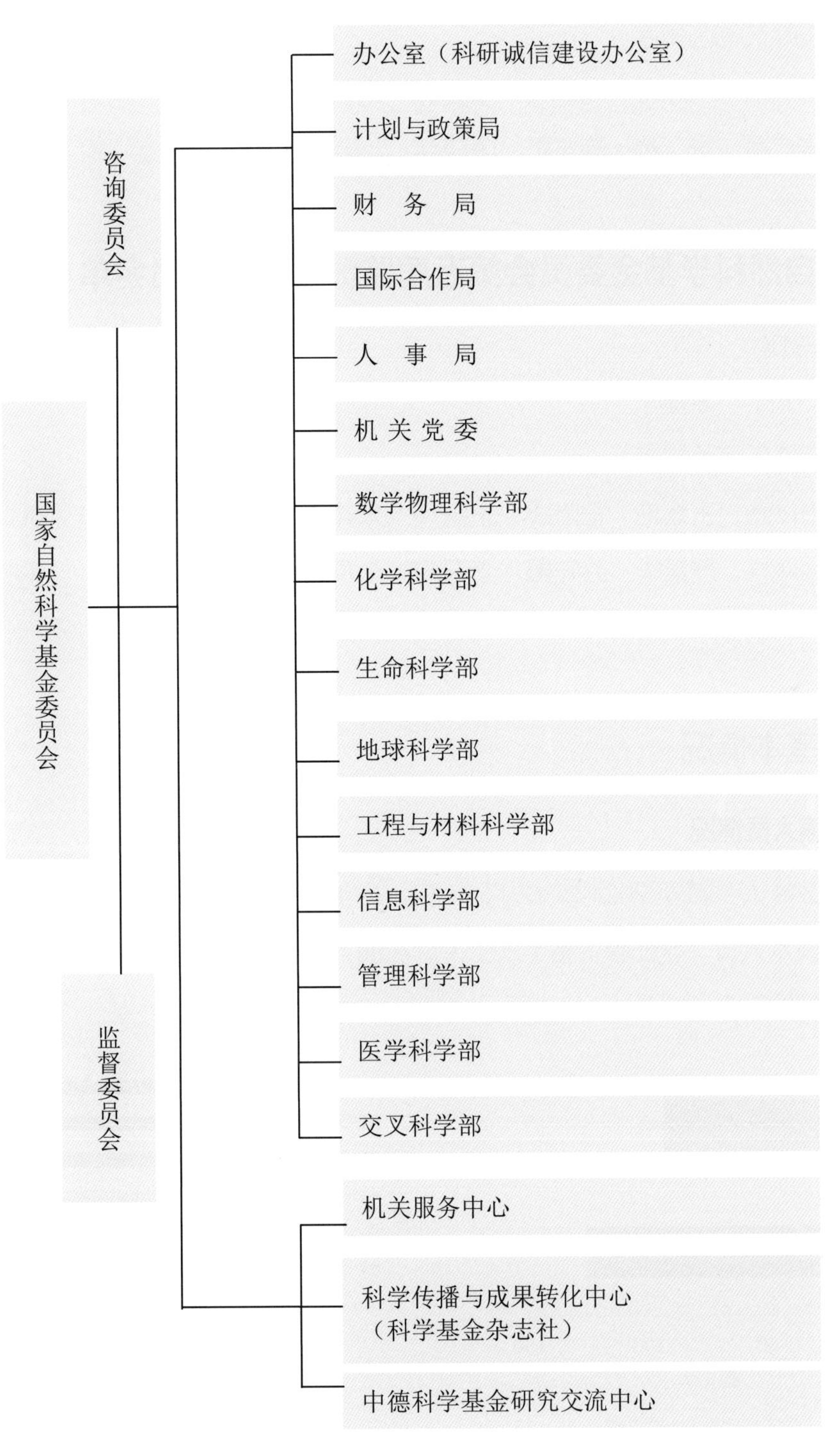

（二）第八届国家自然科学基金委员会委员名单

主　任: 李静海

副主任: 高　福　谢心澄　侯增谦　高瑞平　王承文　陆建华

秘书长: 韩　宇

委　员（按姓氏笔画排序）:

王红阳　王恩哥　马宏兵　朱日祥　刘昌胜　孙昌璞　严纯华　沈竹林　宋　军
张广军　张　希　陈左宁　陈晓红　赵晓哲　钟登华　康　乐　潘爱华

（三）国家自然科学基金委员会第五届监督委员会委员名单

主　任: 陈宜瑜

副主任: 朱作言　何鸣鸿

委　员（按姓氏笔画排序）:

王以政　王红艳　王坚成　王跃飞　朱邦芬　朱蔚彤　刘芝华　刘　明
闫寿科　严景华　苏先樾　李召虎　李真真　邵　峰　周兴社　郑永飞
姚祝军　高　翔　黄海军　崔　翔　焦念志

（四）人员基本情况

1. 机关在编人员情况

机关编制 249 人，截至 2021 年 12 月 31 日，在编职工 218 人，其中，男性 124 人，女性 94 人；专业技术人员（含任职资格）201 人。在编人员的平均年龄为 45.3 岁。

相关情况如图 6-1-1 至图 6-1-4 所示。

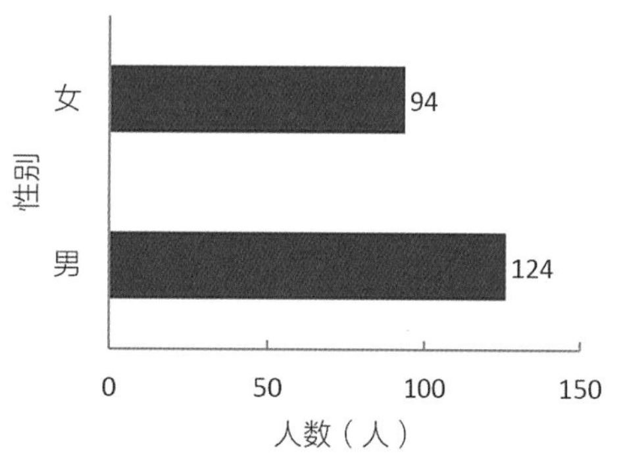

图 6-1-1　职工性别情况（共 218 人）

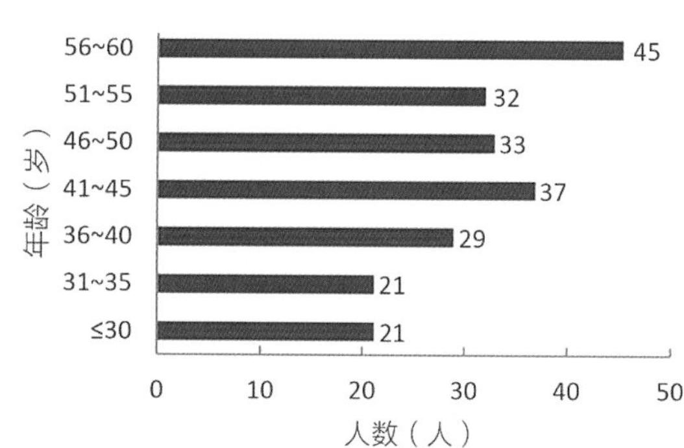

图 6-1-2　职工年龄情况（共 218 人）

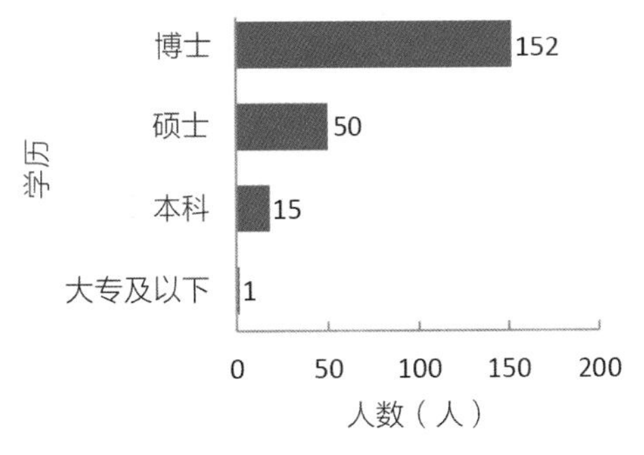

图 6-1-3　职工学历情况（共 218 人）

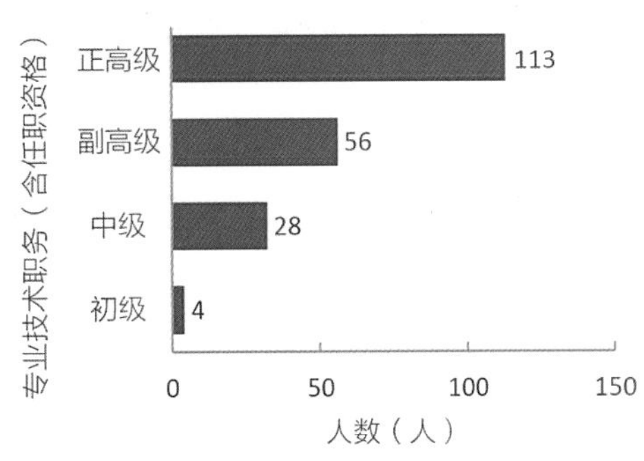

图 6-1-4　职工专业技术职务（含任职资格）情况（共 201 人）

2. 流动编制工作人员情况

截至 2021 年 12 月 31 日，在岗流动编制工作人员 145 人，其中，博士 141 人；男性 120 人，女性 25 人；正高级专业技术人员 58 人，副高级专业技术人员 78 人。

（五）内设机构和直属单位领导名单

内设机构领导名单（截至 2021 年 12 月 31 日）

单位	领导名单
办公室（科研诚信建设办公室）	韩智勇、郭建泉、王　岩（女）、王翠霞（女）、敬亚兴、张凤珠（女）、李　东（女，信息中心主任）
计划与政策局	王长锐、车成卫、杨列勋、姚玉鹏、范英杰（女）
财务局	张香平（女）、王　琨（女）
国际合作局	邹立尧、张永涛、殷文璇（女）
人事局	周延泽、吕淑梅（女）、王文泽、刘　宁（离退休工作办公室主任）
机关党委	朱蔚彤（女）、黄宝晟
数学物理科学部	江　松（兼）、董国轩、孟庆国
化学科学部	杨学明（兼）、杨俊林、詹世革（女）
生命科学部	李　蓬（女，兼）、冯雪莲（女）、徐岩英（女）
地球科学部	郭正堂（兼）、于　晟、张朝林
工程与材料科学部	曲久辉（兼）、王岐东、苗鸿雁
信息科学部	郝　跃（兼）、刘　克、何　杰
管理科学部	丁烈云（兼）、刘作仪
医学科学部	张学敏（兼）、孙瑞娟（女）、谷瑞升、闫章才
交叉科学部	汤　超（兼）、陈拥军、潘　庆

直属单位领导名单（截至 2021 年 12 月 31 日）

单位	领导名单
机关服务中心	封文安、史兴河、彭　杰（女）
科学传播与成果转化中心（科学基金杂志社）	唐隆华、张志旻
中德科学基金研究交流中心	殷文璇（女，兼）

二、党的建设

2021年，自然科学基金委坚持以习近平新时代中国特色社会主义思想为指导，深入贯彻党的十九大和十九届历次全会精神，增强“四个意识”、坚定“四个自信”、做到“两个维护”，深刻领会“两个确立”的决定性意义，以党的政治建设为统领，扎实开展党史学习教育，深入推动党建与业务工作融合发展，引导党员干部学党史、悟思想、办实事、开新局，为推进科学基金系统性改革、推动实现科技自立自强提供坚强的政治保证和组织保证。

（一）突出学深悟透，切实提高“政治三力”

多措并举推动党史学习教育走深走实。开展党组理论学习中心组专题学习，通过党组示范引领学、“两委”委员带头学、党支部书记推动深入学、党小组结合实际灵活学、青年理论学习小组创新学，迅速兴起五级联动学习热潮，坚持原原本本学、联系实际学，突出抓好习近平总书记在党史学习教育动员大会上的重要讲话、习近平总书记“七一”重要讲话、十九届六中全会精神学习宣传贯彻工作，精心组织庆祝建党百年系列活动，推动党史学习教育走向深入。党组书记为全委党员干部讲“七一”专题党课，引导党员干部深刻领会讲话精神，深入贯彻习近平总书记关于科技创新特别是基础研究的重要论述和党中央、国务院决策部署，凝聚形成更大奋进力量。通过深学细研，进一步增强了以史为鉴、开创未来的政治自觉、思想自觉和行动自觉，增强了推进科学基金系统性改革的责任感、使命感，激发了干事创业的精气神，以推动科研范式变革和加强科学问题凝练为抓手，抢抓机遇，不断开创科学基金事业新局面，为引领新时代基础研究高质量发展夯基蓄势。

（二）用心用情开展“我为群众办实事”实践活动

把开展实践活动作为检验党史学习教育成效的重要政治标准，引导党员干部增强职责使命，改进工作作风，把党史学习教育成果转化为推进改革和为科学家及群众解难题、办实事的实际行动。深化“放管服”改革，释放科研人员创新动能，修订出台《国家自然科学基金项目资金管理办法》等各项制度及配套文件，优化项目经费管理，赋予科研人员更大自主权；持续改进项目管理，通过实现所有类型项目无纸化申请等系列措施，减轻科研人员负担，营造宽松科研环境，激发科研人员创新活力。加强对内蒙古奈曼旗定点帮扶工作，以科技帮扶为重点，消费帮扶为补充，支持产业新农，巩固脱贫攻坚成果。组织开展党支部结对共建，以组织振兴助力乡村振兴发展。

（三）以党的政治建设为统领，推进全面从严治党向纵深发展

持续加强党的政治建设。深入贯彻习近平总书记在中央和国家机关党的建设工作会议上的重要讲话精神，制定落实自然科学基金委 2021 年党建工作要点，不断深化党的政治建设，推动机关党建高质量发展。严格党内政治生活，精心组织开好专题民主生活会、组织生活会，不断提高党员干部“政治三力”。认真落实意识形态工作责任制，筑牢全委意识形态领域良好态势。

持续强化政治监督。认真学习贯彻十九届中央纪委五次全会精神，深入落实《中共中央关于加强对“一把手”和领导班子监督的意见》《关于加强中央和国家机关部门机关纪委建设的意见》，制定实施《关于贯彻落实〈中共中央关于加强对“一把手”和领导班子监督的意见〉工作方案》及相关实施细则，强化政治监督和权力制约，一体推进不敢腐、不能腐、不想腐，不断优化自然科学基金委政治生态。组织召开我委警示教育大会，加强新进人员警示教育培训，启动《警示教育读本–纪检监察案例库（第二辑）》选编工作。持之以恒落实中央八项规定及其实施细则精神，制定方案深入推进专项整治，抓好重要节点纠治“四风”，推动作风建设向上向好。

不断深化全面从严治党主体责任。召开全面从严治党、党风廉政建设和反腐败工作会议、基金项目会议评审工作动员部署会议等，虚心接受中央纪委国家监委驻科技部纪检监察组监督指导，共同召开 2 次全面从严治党专题会商会，开展 5 次监督建议函整改落实“回头看”，不断巩固中央巡视工作成果，推动全面从严治党向纵深发展。印发《关于规范国家自然科学基金委员会工作人员在科学基金项目评审中有关利益冲突事项处理的指导性意见》，维护科学基金项目评审科学性和公正性。深化运用“四种形态”，强化问题线索处置和办理，做细日常监督。

（四）推进党支部标准化规范化建设，持续增强基层党组织政治功能和组织力

持续推进党支部标准化规范化建设。重点对标党内法规开展党支部标准化、规范化评定。严格执行基层党组织按期换届规定，指导 7 个党支部按期换届，8 个党支部完成补选、增选支委及部分党支部合并。推进“四强”党支部建设，持续增强基层党组织的凝聚力、战斗力。

强化学习教育提升基层组织力。召开“两优一先”和专项工作表彰大会暨 2021 年党建工作会议，激励党员干部弘扬伟大建党精神，深化科学基金改革。组织党史学习教育系列专题

辅导报告、开展“学党史·强素质·作表率”读书活动、开展用好红色资源传承红色基因学习参观活动、举办“学习百年党史 传承红色基因”青年党史知识竞赛、召开“青春向党 奋斗强国”青年党史学习教育体会分享交流会、组织参加中央和国家机关党史读书接力赛，引导党员干部学深悟透，不断夯实基层基础。

党建引领提升统战群团工作水平。加强对机关工会、青联、团委、妇委会等群团组织和统战工作的集中统一领导，立足科学基金深化改革开展岗位建功、技能培训、学习交流活动，组织开展红色观影、红十字救护员培训、参与“恒爱行动”等活动，激发干部职工干事创业热情，努力营造机关良好氛围。

附 录

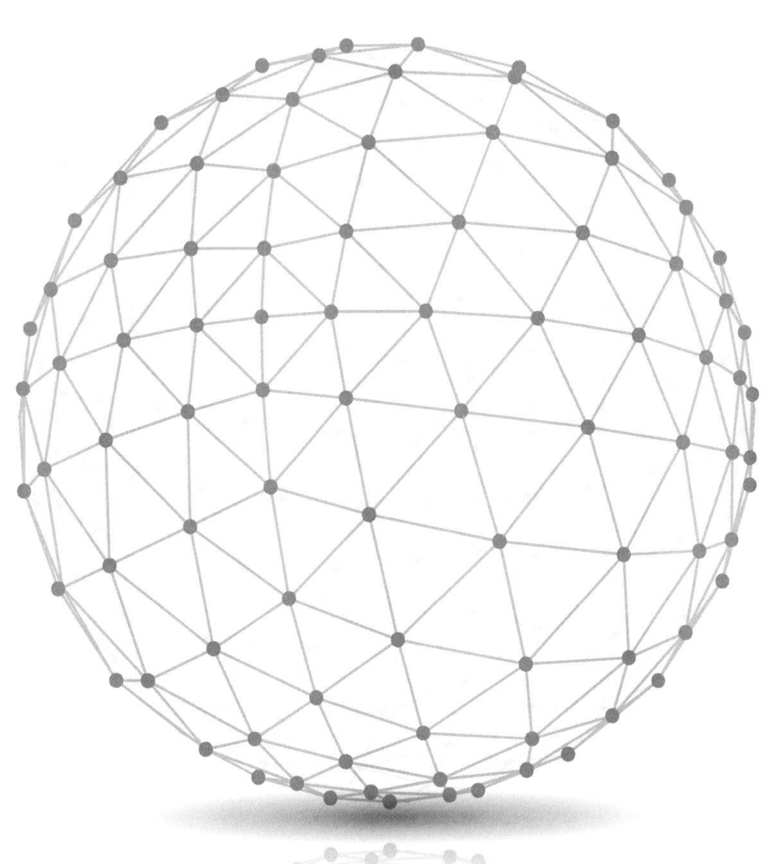

NSFC

一、2021 年度科学基金工作重要活动

1 月

1 月 29 日， 自然科学基金委主管、主办的英文期刊 *Fundamental Research* 期刊首发式暨第一届编委会第一次会议在京召开。党组书记、主任李静海出席会议并致辞，全体领导班子成员出席，会议由党组成员、秘书长韩宇主持。第一届编委会主编龚旗煌、全体副主编和各领域编委代表出席现场或视频会议。

2 月

2 月 2 日， 自然科学基金委党组会议研究讨论基于板块的科学基金资助布局改革相关工作，并部署下一步工作。

2 月 10 日， 自然科学基金委党组书记、主任李静海带领领导班子成员开展春节慰问活动，向全体工作人员致以节日的问候及衷心的感谢，并对春节期间做好留京过节人员的相关保障工作进行了部署。

3 月

3 月 17 日， 自然科学基金委举办党史学习教育报告会，邀请中国延安干部学院教学科研部党史教研室徐建国教授以"延安整风与党的作风建设"为题作报告。报告会由党组成员、副主任、机关党委书记王承文主持。党组成员、秘书长韩宇出席报告会。

3 月 18 日，中央纪委国家监委驻科技部纪检监察组与自然科学基金委党组召开 2021 年第一次全面从严治党专题会商会，就深入学习贯彻十九届中央纪委五次全会精神，谋划部署 2021 年全面从严治党、党风廉政建设和反腐败工作进行沟通会商。中央纪委国家监委驻科技部纪检监察组组长、科技部党组成员龚堂华出席会议并讲话，自然科学基金委党组书记、主任李静海主持会议。自然科学基金委党组及领导班子成员高福、谢心澄、侯增谦、高瑞平、王承文、陆建华、韩宇以及中央纪委国家监委驻科技部纪检监察组副组长玄洪云等同志出席会议。

3 月 24 日，第八届国家自然科学基金委员会第四次全体委员会议在北京召开。会议全面贯彻党的十九大和十九届二中、三中、四中、五中全会精神，研究落实政府工作报告要求，总结 2020 年及“十三五”时期工作，审议科学基金“十四五”和中长期发展规划，研究今后一段时期的改革工作和 2021 年的重点工作安排。

3 月 24 日，国家自然科学基金委员会监督委员会五届九次全体委员会议在京举行。监督委员会主任陈宜瑜、副主任何鸣鸿分别主持生命医学专业委员会议和综合专业委员会议，党组成员、副主任王承文和中央纪委国家监委驻科技部纪检监察组有关同志出席会议。

3 月 25 日，自然科学基金委、中国工程院联合项目“中国工程科技未来 20 年发展战略研究”工作联合领导小组第三次会议在京召开。联合领导小组组长、自然科学基金委党组书记、主任李静海出席会议并讲话。副组长、自然科学基金委党组成员、秘书长韩宇出席会议。

3 月 30 日，自然科学基金委召开 2021 年全面从严治党、党风廉政建设和反腐败工作会议，贯彻落实十九届中央纪委五次全会精神，动员部署 2021 年全面从严治党、党风廉政建设和反腐败工作。党组书记、主任李静海出席会议并讲话。党组及领导班子成员高福、谢心澄、高瑞平、韩宇以及中央纪委国家监委驻科技部纪检监察组有关同志出席会议。会议由党组成员、副主任、机关党委书记王承文主持。

3 月 30 日，自然科学基金委举办党史学习教育报告会，邀请党史学习教育中央宣讲团成员、中央党校中共党史教研部主任罗平汉教授以“中国共产党的奋斗历程与优良传统”为题作报告。党组成员、副主任侯增谦、高瑞平，党组成员、秘书长韩宇出席报告会。报告会由党组成员、副主任、机关党委书记王承文主持。

3 月 31 日，自然科学基金委地球科学部、管理科学部和计划与政策局联合主办“面向国家碳中和的重大基础科学问题与对策”双清论坛。党组书记、主任李静海，党组成员、副主任侯增谦和王承文出席论坛，生态环境部部长黄润秋作为特邀嘉宾出席会议并作大会报告。

4 月

4 月 6 日，自然科学基金委印发《国家自然科学基金外国学者研究基金项目实施方案》（国科金发外〔2021〕25 号）《国家自然科学基金外国青年学者研究基金项目管理办法》（国科金发外〔2021〕26 号）。

4 月 8 日，自然科学基金委党组成员、副主任王承文带队赴北京西山无名英雄纪念广场开展“缅怀先烈不忘初心、学史明理砥砺前行”主题活动。

4 月 23 日，自然科学基金委举办党史学习教育报告会，邀请中国浦东干部学院副院长刘靖北教授以“中国共产党的百年历史智慧”为题作报告。党组书记、主任李静海出席报告会并讲话。党组成员、副主任高瑞平，党组成员、秘书长韩宇出席报告会。报告会由党组成员、副主任、机关党委书记王承文主持。

4 月 27 日，自然科学基金委在辽宁省沈阳市举行科学基金成果辽宁对接活动，党组成员、副主任高瑞平出席并致辞。辽宁省人民政府副省长王明玉出席本次活动。

5 月

5 月 8 日，全国人大预算工作委员会领导到自然科学基金委调研，自然科学基金委党组书记、主任李静海出席座谈会并讲话，会议由党组成员、副主任高瑞平主持。

5 月 14 日，自然科学基金委与科学欧洲共同举办“首届高层战略与政策对话论坛”，李静海主任以及来自德国、英国、法国等欧洲主要国家科学资助机构的领导和科学欧洲的领导出席。论坛由谢心澄副主任主持。双方围绕评审机制、跨学科研究、科研诚信和开放科学等四个议题开展讨论交流，中方向欧方重点介绍了科学基金深化改革的三项任务、六个机制以及源于知识体系逻辑的四大板块资助布局。

5 月 27 日，自然科学基金委举办党史学习教育报告会，邀请中国井冈山干部学院罗庆宏教授以“井冈山斗争与井冈山精神”为题作报告。报告会由党组成员、副主任、机关党委书记王承文主持。

6 月

6 月 1 日，自然科学基金委召开 2021 年基金项目会议评审工作动员部署会议。党组书记、主任李静海出席并讲话，党组成员、副主任侯增谦、高瑞平、王承文和中央纪委国家监委驻科技部纪检监察组副组长玄洪云等同志出席会议。

6 月 3 日，党史学习教育中央第二十五指导组组长段余应率队来自然科学基金委指导党史学习教育工作。党组书记、主任、党史学习教育领导小组组长李静海主持会议。党组成员、副主任、党史学习教育领导小组成员侯增谦、高瑞平、王承文、陆建华等出席会议。

6 月 3—5 日，2021 年度国家自然科学基金项目申请受理工作总结会议在青岛召开。国家自然科学基金联络网 36 家组长单位和近 50 家依托单位的科学基金管理人员代表以及自然科学基金委有关部门人员参加会议。

6 月 11 日，自然科学基金委举办“学党史 担使命 让党旗在基层高高飘扬”主题宣讲报告会。党组成员、副主任、机关党委书记王承文主持报告会并讲话。全国脱贫攻坚先进个人、机关党委干部杨亮同志，中组部第九批援藏干部、数学物理科学部处长白坤朝同志，分别结合工作经历作主题宣讲报告。

6 月 24 日，国家自然科学基金委员会监督委员会五届十次全体委员会议在京举行。会议由监督委员会主任陈宜瑜主持，党组成员、副主任王承文及中央纪委国家监委驻科技部纪检监察组有关同志出席会议。

6 月 25 日，自然科学基金委党组理论学习中心组召开会议，专题学习《中共中央关于加强对“一把手”和领导班子监督的意见》（简称《意见》）。中央纪委国家监委驻科技部纪检监察组组长、科技部党组成员龚堂华出席会议并就学习贯彻《意见》作专题解读。

6 月 28 日，自然科学基金委隆重举行离退休干部庆祝建党 100 周年大会暨“光荣在党 50 年”纪念章颁发仪式。党组书记、主任李静海出席会议并讲话，党组成员、副主任高瑞平出席会议。会议由党组成员、副主任、机关党委书记王承文主持。

7 月

7 月 6 日，自然科学基金委举行“两优一先”和专项工作表彰大会暨 2021 年党建工作会议。党组书记、主任李静海，党组和领导班子成员高福、谢心澄、侯增谦、高瑞平、陆建华等出席大会，党史学习教育中央第二十五指导组有关同志应邀出席大会。会议由党组成员、副主任、机关党委书记王承文主持。

7 月 7—12 日，国家自然科学基金新疆、青海地区部分资助项目资金监督检查预备会分别在乌鲁木齐和西宁召开。党组成员、副主任王承文出席会议并讲话，办公室（科研诚信建设办公室）、财务局相关人员及来自新疆和青海地区的 31 家依托单位的科研、财务、审计等部门负责人参加会议。

7 月 13 日，自然科学基金委党组书记、主任李静海围绕“认真学习贯彻习近平总书记‘七一’重要讲话精神 以史为鉴开创未来 与时俱进 深化改革”主题，为全委党员、干部作党史学习教育专题党课。党史学习教育中央第二十五指导组组长段余应和有关同志莅临现场指导。党组成员、副主任高瑞平、陆建华出席专题党课。专题党课由党组成员、副主任、机关党委书记王承文主持。

7 月 19 日，中共中央政治局常委、国务院总理李克强到自然科学基金委考察，并主持召开座谈会。国务院副总理刘鹤，国务委员、国务院秘书长肖捷，以及有关部委负责同志，科技界代表出席座谈会。党组书记、主任李静海在座谈会上作工作汇报，自然科学基金委领导班子和局级以上干部参加会议。

7 月 20 日，自然科学基金委党组书记、主任李静海带队前往中国共产党历史展览馆，参观“不忘初心、牢记使命”中国共产党历史展览。自然科学基金委党组和领导班子成员谢心澄、高瑞平、王承文、陆建华、韩宇以及各局（室）、科学部负责同志、党员干部代表 70 余人参加学习。

7 月 22 日，自然科学基金委举行学习贯彻习近平总书记在庆祝中国共产党成立 100 周年大会上的重要讲话精神专题辅导报告会暨党组理论学习中心组（扩大）会议，邀请党史学习教育中央宣讲团成员、中国人民大学中共党史党建研究院执行院长杨凤城教授以“从大历史观看中国共产党为民族复兴而奋斗的百年历程”为题作报告。党组书记、主任李静海主持会议。党史学习教育中央第二十五指导组有关同志和党组理论学习中心组、委领导班子全体成员出席会议。

8 月

8 月 27 日，自然科学基金委机关青联、机关团委举办“学习百年党史 传承红色基因”青年党史知识竞赛。党组成员、副主任、机关党委书记王承文出席活动并讲话。

8 月 30 日，财政部预算司、科教和文化司来自然科学基金委调研，党组书记、主任李静海出席座谈会并讲话，会议由党组成员、副主任高瑞平主持。

9 月

9 月 16 日，自然科学基金委李静海主任与德国研究联合会（DFG）主席卡佳·贝克尔（Katja Becker）举行双边视频会晤。李静海主任向贝克尔主席介绍了自然科学基金委在应对科研范式变革和促进学科交叉融合方面采取的重要改革举措。双方就应对科研范式变革和促进学科交叉融合、实现碳中和目标和联合国可持续发展目标的科学路径等议题进行深入探讨与交流。

9 月 17—18 日，自然科学基金委党组书记、主任、定点帮扶工作领导小组组长李静海带队赴内蒙古自治区通辽市奈曼旗开展定点帮扶调研督导，围绕奈曼旗经济社会发展情况和实际需求，进一步商议帮扶模式与优化帮扶机制，切实推动奈曼旗定点帮扶及乡村振兴工作。自然科学基金委党组成员、秘书长韩宇，科技部农村科技司二级巡视员利斌，内蒙古自治区科技厅党组书记冯家举，通辽市委副书记、政法委书记方玉东参加调研活动。

9 月 22 日，自然科学基金委召开 2021 年度科技管理专项项目评审会议，党组成员、副主任侯增谦出席会议并致辞。

9 月 26 日，自然科学基金委召开 2021 年警示教育大会，党组书记、主任李静海出席会议并作重要讲话，党组成员、副主任高瑞平出席会议，会议由党组成员、副主任、机关党委书记王承文主持。

9 月 27 日，国家自然科学基金委员会监督委员会五届十一次全体委员会议在京举行。会议由监督委员会主任陈宜瑜主持，党组成员、副主任王承文以及监督委员会委员出席会议。

9 月 28 日，自然科学基金委与财政部联合印发《国家自然科学基金资助项目资金管理办法》（财教〔2021〕177 号）。

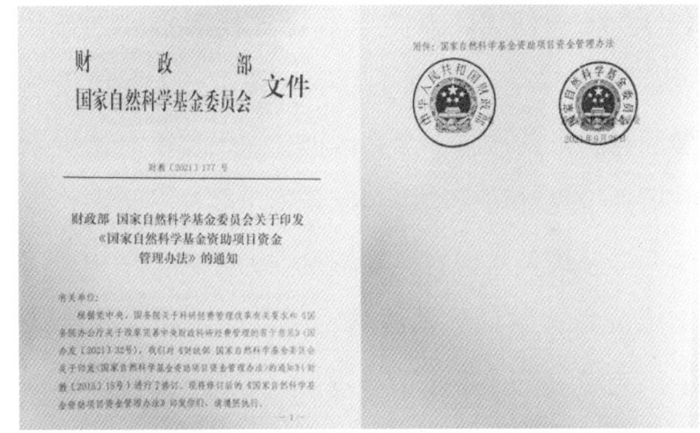

财 政 部
国家自然科学基金委员会 文件

财教〔2021〕177 号

财政部 国家自然科学基金委员会关于印发
《国家自然科学基金资助项目资金
管理办法》的通知

有关单位：

根据党中央、国务院关于科研经费管理改革有关要求和《国务院办公厅关于改革完善中央财政科研经费管理的若干意见》（国办发〔2021〕32号），我们对《财政部 国家自然科学基金委员会关于印发〈国家自然科学基金资助项目资金管理办法〉的通知》（财教〔2015〕15号）进行了修订。现将修订后的《国家自然科学基金资助项目资金管理办法》印发你们，请遵照执行。

—1—

附件：国家自然科学基金资助项目资金管理办法

10 月

10 月 15 日，党史学习教育中央第二十五指导组副组长林子坚率队到自然科学基金委就党史学习教育工作开展情况进行调研指导。党组书记、主任李静海主持会议，党组成员、副主任高瑞平，党组成员、秘书长韩宇等同志出席会议，党组成员、副主任、机关党委书记王承文汇报党史学习教育工作开展情况。

10 月 20—22 日，自然科学基金委与国际应用系统分析学会（IIASA）联合举办的 2021 年度亚洲系统分析研讨会以线上线下相结合的形式召开。谢心澄副主任线上参会并致开幕辞。

11 月

11 月 2 日，第 18 届亚洲研究理事会主席会议（A-HORCs）以视频会议形式召开。李静海主任出席会议。

11 月 16—17 日，中共国家自然科学基金委员会党组 2021 年度（扩大）会议在京召开。会议传达学习党的十九届六中全会精神，深入贯彻习近平总书记关于基础研究的重要批示指示精神，全面落实李克强总理考察自然科学基金委重要讲话精神，深化拓展党史学习教育成效，深入推进科学基金改革。党组书记、主任李静海作了题为《深化改革提升资助效能 面向未来转变科研范式》的报告。

11 月 22—23 日，自然科学基金委与巴西圣保罗研究基金会共同主办的中巴气候变化双边研讨会以视频会议形式召开，李静海主任出席研讨会并致辞，呼吁重视科研范式变革，开展气候变化国际合作。

11 月 29—30 日，自然科学基金委和全球研究理事会（GRC）秘书处共同举办 2021 年度 GRC 亚太区域会议，李静海主任出席会议并致开幕辞。来自日本、韩国、新西兰、印度、伊朗、新加坡、泰国、斯里兰卡、印度尼西亚等国家的 40 余名科学资助机构代表参加本次会议。

12 月

12 月 3 日，自然科学基金委围绕学习贯彻党的十九届六中全会精神，邀请中共中央党校马克思主义学院王海滨教授以“从伟大成就中感悟党的能力 从百炼成钢中把握党的成功密码 从党的历史学习中增强党性”为题作专题辅导报告。党组成员、副主任高瑞平，党组成员、秘书长韩宇出席会议。报告会由党组成员、副主任、机关党委书记王承文主持。

12 月 16 日，国家自然科学基金委员会咨询委员会 2021 年度全体会议在京召开。咨询委员会主任杨卫主持会议。自然科学基金委党组成员、副主任高福、高瑞平、王承文，副主任谢心澄，党组成员、秘书长韩宇出席会议。

12 月 15 日和 17 日，中德科学中心召开第 24 届联委会冬季会议。自然科学基金委副主任、联委会中方主席谢心澄，自然科学基金委秘书长兼联委会中方委员韩宇等出席会议。

12 月 17 日，中央纪委国家监委驻科技部纪检监察组与自然科学基金委党组召开 2021 年第二次全面从严治党专题会商会议，就“认真学习贯彻党的十九届六中全会精神，对照检查《党委（党组）落实全面从严治党主体责任规定》和《中共中央关于加强对“一把手”和领导班子监督的意见》的落实情况，进一步压紧压实主体责任、抓紧抓实‘一把手’和领导班子监督”主题进行会商。中央纪委国家监委驻科技部纪检监察组组长、科技部党组成员龚堂华出席会议并讲话，自然科学基金委党组书记、主任李静海主持会议。自然科学基金委党组及领导班子成员高福、谢心澄、侯增谦、高瑞平、王承文、陆建华、韩宇，中央纪委国家监委第二监督检查室、驻科技部纪检监察组有关同志出席会议。

12 月 23 日， 国家自然科学基金委员会监督委员会五届十二次全体委员会议在京举行。监督委员会主任陈宜瑜、副主任何鸣鸿分别主持生命医学专业委员会会议和综合专业委员会会议，党组成员、副主任王承文和中央纪委国家监委驻科技部纪检监察组有关同志出席会议。

12 月 29 日， 自然科学基金委围绕学习贯彻党的十九届六中全会精神，邀请党史学习教育中央宣讲团成员、中央党校原副校长李君如研究员以“以史为鉴、开创未来的政治宣言和行动指南”为题作专题宣讲报告。党组书记、主任李静海主持会议。党组成员、副主任高瑞平、王承文，党组成员、秘书长韩宇出席会议。

二、双清论坛

“双清论坛”是自然科学基金委立足科学基金资助管理工作，为推动科研范式变革，开展学科发展战略研究，促进学科交叉与融通，完善科学基金制度体系和管理运行机制，提高科学基金卓越管理水平而设立的战略性学术研讨会议。主要研讨面向世界科学前沿和国家重大需求的前瞻性、综合性和交叉性科学问题，以及科学基金资助管理的重大政策问题，助力构建理念先进、制度规范、公正高效的新时代科学基金体系。

2021 年，“双清论坛”全面贯彻党和国家有关基础研究的新政策和新要求，结合科学基金深化改革重点任务要求，强化学术交流平台功能和战略研究机制作用。在“探索学科前沿、凝练科学问题、促进学科交叉”的基础上重视“推动科研范式变革”，将科学基金深化改革的理念融入论坛组办过程中。统筹疫情防控要求和年度计划实施，尽可能降低疫情持续性散发对会议举办的不利影响，保障“双清论坛”的举办效果。

2021 年，“双清论坛”在继续做好服务科学基金资助管理工作的同时，着重抓好论坛成果宣传，提高社会影响力，深入开展与 *Fundamental Research*《中国科学基金》《国家科学评论》《科学通报》等期刊合作，拓展论坛成果传播渠道。形成有关政策建议，*Fundamental Research* 2 个专题文章组稿（含学术文章 21 篇），《中国科学基金》综述文章 10 篇、5 个专题组稿（含学术文章 29 篇）等。

全年共举办双清论坛 24 期(附表 2-1），与会专家 800 余人次。其中，科学部主办 23 期，职能局（室）主办 1 期；主要涉及科学前沿的基础科学问题 15 期，涉及面向国家发展战略需求的深层次科学问题 8 期（附图 2-1、附图 2-2），涉及发展与完善科学基金制度的重大政策与管理问题 1 期。

附图 2-1　绿色碳科学：双碳目标下的科学基础

附图 2-2　面向国家碳中和的重大基础科学问题与对策

附表 2-1　2021 年“双清论坛”主题目录

第 278 期：宽禁带与超宽禁带半导体 （2021 年 3 月 16—17 日）	第 290 期：基于活体的分子测量与环境毒理 （2021 年 12 月 6—7 日）
第 279 期：面向国家碳中和的重大基础科学问题与对策 （2021 年 3 月 31 日—4 月 1 日）	第 291 期：创新国际合作机制，助力科技自立自强 （2021 年 8 月 18 日）
第 280 期：医联网与智慧医疗健康管理 （2021 年 4 月 15—16 日）	第 292 期：绿色碳科学：双碳目标下的科学基础 （2021 年 8 月 30—31 日）
第 281 期：陆相中低熟页岩油富集与原位转化科学问题及关键技术 （2021 年 4 月 22—23 日）	第 293 期：后克拉通破坏时期华北构造演化及对人类社会的影响 （2021 年 10 月 9—10 日）
第 282 期：光学微加工前沿 （2021 年 5 月 7—8 日）	第 294 期：麻醉学前沿与交叉 （2021 年 10 月 16—17 日）
第 283 期：罕见肿瘤临床及研究现状、挑战和机遇 （2021 年 5 月 27—28 日）	第 295 期：高端精密装备精度测量基础理论 （2021 年 9 月 17—18 日）
第 284 期：能源转化过程中的单原子催化 （2021 年 5 月 25—26 日）	第 296 期：虚拟生理人体与医学应用 （2021 年 9 月 8—9 日）
第 285 期：走向自旋的未来信息时代 （2021 年 5 月 10—11 日）	第 297 期：5d 电子材料中的新奇物性 （2021 年 12 月 4—5 日）
第 286 期：集成微波光子技术 （2021 年 6 月 11—13 日）	第 298 期：疑难病、罕见病诊疗关键科学问题 （2021 年 12 月 15—16 日）
第 287 期：复杂系统与管理 （2021 年 5 月 26—27 日）	第 301 期：智慧海洋与智能装备前沿关键基础科学问题 （2021 年 10 月 21—22 日）
第 288 期：医学临床驱动的化学前沿研究 （2021 年 6 月 7—8 日）	第 302 期：月球科研站的关键科学问题 （2021 年 11 月 8—9 日）
第 289 期：湿地保护和修复的基础理论及关键技术问题 （2021 年 10 月 19—20 日）	第 303 期：面向未来的中国医学-免疫视角下的中西医融合之道 （2021 年 12 月 16—17 日）

三、国家自然科学基金资助管理行政规范性文件体系

根据《国家自然科学基金条例》，截至 2021 年 12 月 31 日，制定实施有关科学基金组织管理、程序管理、资金管理、监督保障等 4 个方面的行政规范性文件共 41 项。

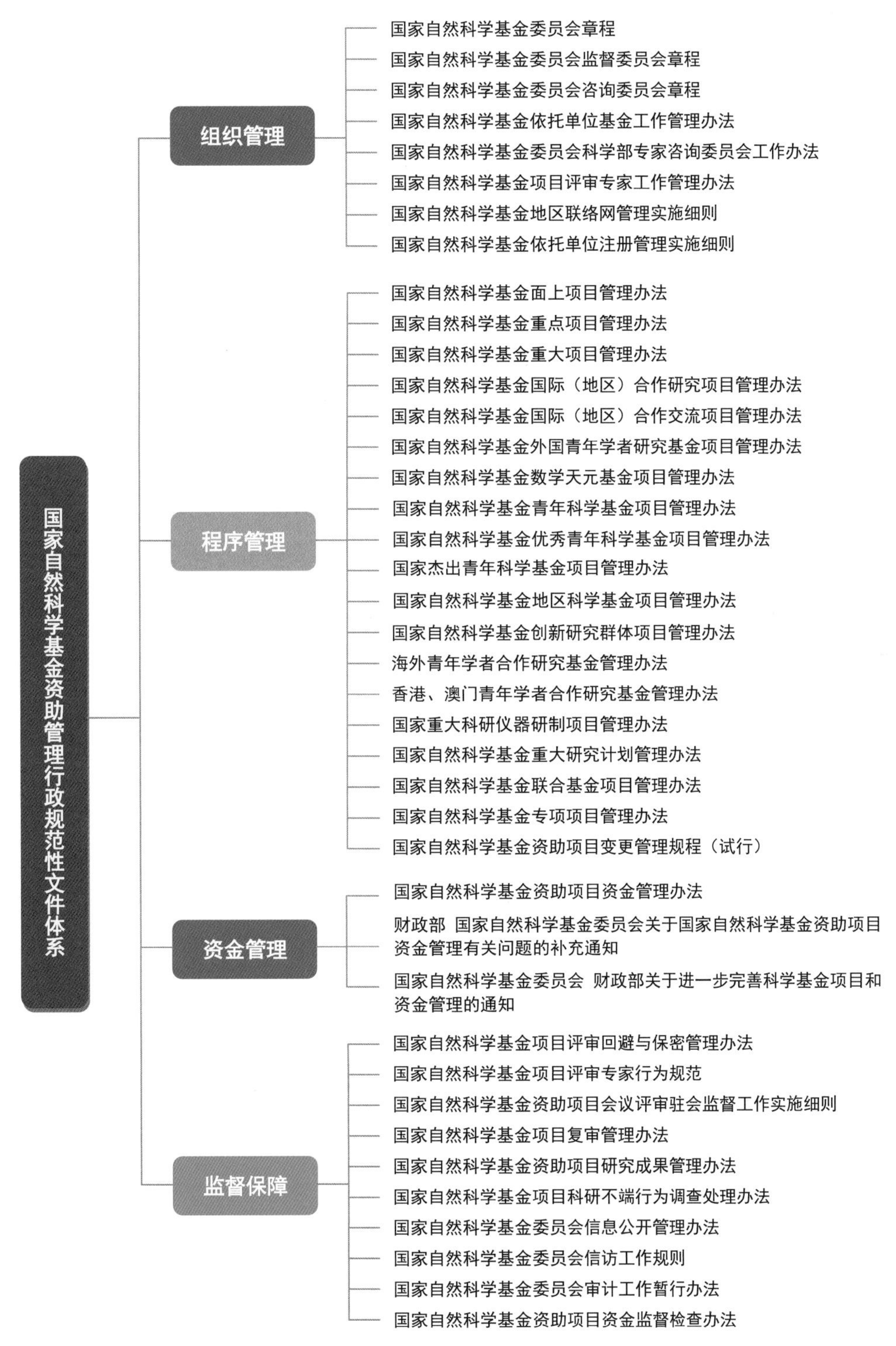